PaddlePaddle Fluid 深度学习入门与实战

潘志宏 王培彬 ◎ 著

人民邮电出版社
北京

图书在版编目（CIP）数据

PaddlePaddle Fluid 深度学习入门与实战 / 潘志宏，王培彬著. -- 北京 : 人民邮电出版社，2021.6（2023.8重印）
ISBN 978-7-115-55539-7

Ⅰ. ①P… Ⅱ. ①潘… ②王… Ⅲ. ①机器学习 Ⅳ. ①TP181

中国版本图书馆CIP数据核字(2020)第247311号

内 容 提 要

本书全面讲解 PaddlePaddle Fluid 框架在深度学习领域的应用。全书共 15 章，分别是 PaddlePaddle 深度学习开发环境的搭建、PaddlePaddle 快速入门、线性回归算法实战、卷积神经网络实战、循环神经网络实战、生成对抗网络实战、强化学习实战、模型的保存与使用、迁移学习实战、可视化工具 Visual DL 的使用、自定义图像数据集识别项目实战、自定义文本数据集分类项目实战、动态图的使用、开发具有 AI 能力的服务器接口、移动端深度学习框架 Paddle Lite 的项目实战。

本书实例丰富，适合机器学习爱好者、程序员、人工智能方面的从业人员阅读，也可以作为人工智能相关专业的师生用书和相关培训学校的教材。

◆ 著　　　潘志宏　王培彬
　责任编辑　颜景燕
　责任印制　王　郁　彭志环

◆ 人民邮电出版社出版发行　　北京市丰台区成寿寺路 11 号
　邮编　100164　　电子邮件　315@ptpress.com.cn
　网址　https://www.ptpress.com.cn
　北京虎彩文化传播有限公司印刷

◆ 开本：800×1000　1/16
　印张：11.5　　　　2021 年 6 月第 1 版
　字数：172 千字　　　　2023 年 8 月北京第 8 次印刷

定价：59.80 元

读者服务热线：(010)81055410　印装质量热线：(010)81055316
反盗版热线：(010)81055315
广告经营许可证：京东市监广登字 20170147 号

前言

PREFACE

机器学习在 20 世纪 80 年代就在算法、理论和应用等方面取得了很大的成功，而深度学习，作为机器学习的一种方法，却在 2006 年才开始进入相关研究人员的视野。2006 年，Hiton 提出了用“无监督训练对权值进行初始化 + 有监督训练微调”来解决深层网络训练中的梯度消失问题，因此 2006 年被定为深度学习元年。由于 Hiton 提出的解决方案没有经过特别有效的实验验证，因此没有引起相关学者的重视。直到 2012 年，Alex 等人在 ImageNet 图像识别比赛中搭建了一个深度卷积神经网络 AlexNet 并获得比赛冠军，比第二名的准确率还要高至少 10%，才使得卷积神经网络乃至深度学习重新引起了广泛的关注。至此之后，深度学习被应用到各种实际项目中。

PaddlePaddle 是百度公司在 2016 年开源的一个深度学习框架。PaddlePaddle 发展至今，其可以轻松部署到服务器、移动手机和嵌入式设备中。为了方便开发者的使用，PaddlePaddle 还开源了大量常用的深度学习模型。虽然 PaddlePaddle 已经很完善了，但是 PaddlePaddle 的相关书籍还比较少。因此，我们想出版一本书帮助更多的开发者学习 PaddlePaddle。经过很长时间的研究和实验，我们最终完成了 PaddlePaddle Fluid 版本的图书的编写。

本书共有 15 章，难度由浅入深，一步步带领读者从 PaddlePaddle 的安装，到 PaddlePaddle 的简单使用，再到深度学习模型的部署，逐渐掌握 PaddlePaddle 及其应用方法。本书适合零基础但又希望能够快速入门深度学习的读者，或者是想从其他深度学习框架迁移到 PaddlePaddle 的读者。本书在介绍 PaddlePaddle 的使用过程中，也会穿插一些深度学习的知识点，帮助读者了解更多的深度学习知识。我们在 GitHub 平台开源了本书的全部代码，本书的代码支持 PaddlePaddle 2.0 版本。

第 1 章介绍 PaddlePaddle 的安装，本书主要介绍 PaddlePaddle 在 Windows 操作系统下的安装教程，也提供了在 Ubuntu 操作系统下的安装教程和在 AI Studio 平台的使用方式，特别是 AI Studio 平台能够满足没有 GPU 的读者使用。

第 2 章介绍 PaddlePaddle 的使用方式，本章能够让读者快速熟悉 PaddlePaddle 的使用方式。

第 3 章介绍 PaddlePaddle 的各种神经网络模型的构建、训练以及预测。本章介绍深度学习中最简单的实例——线性回归算法，通过线性回归算法这个例子，读者可以快速掌握 PaddlePaddle 深度学习模型的搭建、数据的读取，以及训练模型，最后还可以使用训练模型预测得到结果。

第 4 章介绍卷积神经网络的使用，通过一个图像识别案例——MNIST 手写数字识别帮助读者认识卷积神经网络。通过这个例子读者可以了解如何使用 PaddlePaddle 搭建一个卷积神经网络，并使用训练好的模型预测一张图片。

第 5 章介绍循环神经网络的使用，利用循环神经网络实现一个情感分析的文本分类，帮助读者熟悉循环神经网络的搭建。

第 6 章介绍生成对抗网络的搭建和训练，使用生成对抗网络训练 MNIST 手写数据集，最后生成数字图像。

第 7 章介绍强化学习，通过强化学习模型学习如何玩一个小游戏，最终强化学习模型可以把这个游戏玩到最高分。

第 8 章介绍 PaddlePaddle 模型的保存与使用，让读者掌握如何使用 PaddlePaddle 保存已经训练好的模型，并使用这个模型预测其他未训练的数据。

第 9 章介绍迁移学习，在保存模型的基础上，介绍如何使用之前已经训练好的模型在其他数据中做模型迁移，减少模型训练时间，提高准确率。

第 10 章介绍 Visual DL 训练可视化，Visual DL 是 PaddlePaddle 提供的一种可视化工具，能够帮助读者将训练情况可视化，方便读者根据训练情况调整参数。

第 11 章和第 12 章分别介绍了自定义图像数据集的训练和自定义文本数据集的训练，通过这两章的学习，读者可以学到如何自定义数据训练模型，可以更好地训练自己项目中实际的数据集。

第13章介绍动态图的使用，动态图的代码编写方式更像平常的编写方式，这是PaddlePaddle新推出的一种机制，动态图机制的出现使得模型编写更加易于理解。

第14章和第15章分别介绍了模型在服务器上的部署和在移动端上的部署，这也是我们训练模型最终的目的。模型部署使得我们的项目拥有了深度学习的能力，真正成为一个人工智能的项目。

广州新华学院潘志宏副教授担任本书主编，并负责全书内容的组织和编审，以及部分章节的编写，王培彬（网名为夜雨飘零）负责大部分章节的编写。本书的编写得到以下基金项目的支持：教育部产学合作协同育人项目（201802153146、201702071078），广东省普通高校重大平台与重大科研项目－青年创新人才项目（自然科学）（2016KQNCX222）。另外，本书在编写的过程中得到了各个技术社区开发者的帮助，在此笔者对这些热心的开发者表示衷心感谢。

由于笔者的水平和认知有限，书中难免会有不妥之处，恳请各位读者批评指正。

潘志宏　王培彬

2021年3月

资源与支持

本书由异步社区出品，社区（https://www.epubit.com/）为您提供相关资源和后续服务。

配套资源

本书提供如下资源：

- 实例配套源代码。
- 实例相关素材和数据集（部分）。

要获得以上配套资源，请在异步社区本书页面中找到“配套资源”栏，按提示进行操作。注意：为保证购书读者的权益，该操作会给出相关提示，要求输入提取码进行验证。

提交勘误

作者和编辑尽最大努力来确保书中内容的准确性，但难免会存在疏漏。欢迎您将发现的问题反馈给我们，帮助我们提升图书的质量。

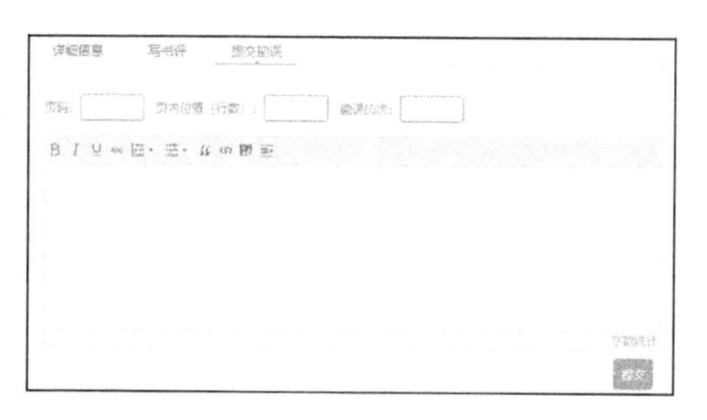

当您发现错误时，请登录异步社区，按书名搜索，进入本书页面，在“图书勘误”栏，点击“发表勘误”，输入勘误信息，点击“提交勘误”按钮即可。本书的作者和编辑会对您提交的勘误进行审核，确认并接受后，您将获赠异步社区的100积分。积分可用于在异步社区兑换优惠券、样书或奖品。

扫码关注本书

扫描下方二维码，读者将会在异步社区微信服务号中看到本书信息及相关的服务提示。

与我们联系

我们的联系邮箱是 contact@epubit.com.cn。

如果读者对本书有任何疑问或建议，请读者发邮件给我们，并请在邮件标题中注明本书书名，以便我们更高效地做出反馈。

如果读者有兴趣出版图书、录制教学视频，或者参与图书翻译、技术审校等工作，可以发邮件给我们；有意出版图书的作者也可以到异步社区在线提交投稿（直接访问 www.epubit.com/selfpublish/submission 即可）。

如果读者所处的学校、培训机构或企业，想批量购买本书或异步社区出版的其他图书，也可以发邮件给我们。

如果读者在网上发现有针对异步社区出品图书的各种形式的盗版行为，包括对图书全部或部分内容的非授权传播，请读者将怀疑有侵权行为的链接发邮件给我们。读者的这一举动是对作者权益的保护，也是我们持续为读者提供有价值的内容的动力之源。

关于异步社区和异步图书

“异步社区”是人民邮电出版社旗下 IT 专业图书社区，致力于出版精品 IT 技术图书和相关学习产品，为作译者提供优质出版服务。异步社区创办于 2015 年 8 月，提供大量精品 IT 技术图书和电子书，以及高品质技术文章和视频课程。更多详情请访问异步社区官网 https://www.epubit.com。

“异步图书”是由异步社区编辑团队策划出版的精品 IT 专业图书的品牌，依托于人民邮电出版社近 30 年的计算机图书出版积累和专业编辑团队，相关图书在封面上印有异步图书的 LOGO。异步图书的出版领域包括软件开发、大数据、AI、测试、前端、网络技术等。

异步社区

微信服务号

目 录

CONTENTS

第 1 章

PaddlePaddle深度学习开发环境的搭建

1.1 深度学习与PaddlePaddle

2016 年 3 月，阿尔法围棋（AlphaGo）与围棋世界冠军、职业九段棋手李世石进行人机大战，最终 AlphaGo 以 4 ∶ 1 的总比分获胜，这个事件引起社会的高度关注，也把人工智能再一次推向话题顶峰。我们也可以从日常活动中感受到人工智能已经真正进入了我们的生活。如近几年，扫码支付大大普及，而如今的刷脸支付已成为一种越来越受大家欢迎的新支付方式，这些变化几乎改变了我们的生活方式和习惯，而这些变化的背后是深度学习的崛起。

深度学习真的有传说中那么神奇吗？作为技术人员，我们应当如何去学习深度学习呢？深度学习真的很难掌握吗？接下来就让我们通过本书来揭开深度学习的神秘面纱，我们将会使用 PaddlePaddle 深度学习框架带领大家进入深度学习领域，使大家成为人工智能领域的开发者。

PaddlePaddle，又名飞桨，前身是百度公司于2013年自主研发的深度学习框架，在 2016 年 9 月的百度世界大会上，当时的百度公司首席科学家吴恩达首次宣布开源

PaddlePaddle 深度学习框架。PaddlePaddle 也是我国首款深度学习开源框架。作为国内的开源深度学习框架，PaddlePaddle 的开发文档全面支持中文，这对国内开发者非常友好，并且百度公司经常会在全国各个地区举办 PaddlePaddle 的公开课，让开发者有机会面对面地与 PaddlePaddle 工程师交流，这样的机会，是其他国外深度学习框架很难给予的。

1.2 PaddlePaddle能做些什么

深度学习已经深入我们生活的方方面面，有不少的 App 可以使用人脸识别登录，人脸识别登录就使用了人脸检测、人脸特征对比等多项深度学习技术。在没有深度学习框架之前，要搭建一个深度神经网络模型的工作量是非常大的，既要考虑网络模型的实现，还要考虑底层代码的实现，更要考虑硬件设备的适配。但是有了 PaddlePaddle 深度学习框架之后，搭建深度神经网络模型就变得非常简单，在深度学习中常使用的深度学习框架都有提供，如卷积层、池化层、循环神经网络模型，以及各种优化方法和损失函数等，还有各种自定义的算子供开发者使用。有了 PaddlePaddle 深度学习框架后，研究人员和项目开发者不需要考虑底层实现的问题，可以把更多的精力放在搭建项目所需的深度学习模型，以及如何提高模型的准确率上。

那什么时候需要使用 PaddlePaddle，又应当如何使用 PaddlePaddle 呢？如笔者的项目现在需要实现一个植物识别功能，用户可通过手机上的 App 识别所拍摄到的植物的名称，并给出该植物的百科信息。要实现这个功能，首先我们需要收集植物图像数据，按照它们的名称设置标签并制作成一个植物数据集。然后使用 PaddlePaddle 搭建一个卷积神经网络模型，如 ResNet、MobileNet 等。最后使用植物数据集训练该模型。训练结束之后会得到一个预测模型，这个预测模型就可以预测并输出图片中植物的名称，通过植物名称即可查找并显示该植物的百科信息。这个预测模型可以部署在服务器上，或者是移动 App 上。这样就可以轻松实现一个植物百科应用。PaddlePaddle 还可以实现很多使用深度神经网络模型的功能，如翻译软件中的中英文互译、输入法中的语音输入等。利用 PaddlePaddle 深度学习框架，可以使我们的应用或者设备变得更加“聪明”，让人工智能真正进入我们的生活中。

1.3 如何学习本书

在学习本书之前，读者应该有一定的 Python 基础，本书使用的 Python 语法难度虽然不大，但读者有一定的 Python 基础可以更快速地理解 PaddlePaddle 的用法，特别是列表的使用。本书的每一章都提供了完整的源码，同时也开源到 GitHub 上，读者在学习各章时，最好要上机练习，正所谓“耳闻之不如目见之，目见之不如足践之”。在自定义数据集相关章节中，读者可以使用网络上公开的数据集或者自行制作数据集进行模型训练。在训练模型过程中，不管是使用 PaddlePaddle 还是自定义数据集，都可以尝试使用多种深度神经网络模型、优化方法，尝试提高模型的准确率，不要仅限于本书所提供的模型。

在学习过程中也可以寻找一些实战项目，如可以参加一些竞赛平台的比赛。在 AI Studio 平台或者和鲸平台上经常会有一些比赛，如图像识别、自然语言处理等，可以在比赛过程中掌握 PaddlePaddle 的使用方法，掌握网络模型的优化方法。同时大多数的比赛都有奖金，一些入门级的比赛难度并不大，在学习的同时获得一些奖励，一举两得，岂不美哉？

本书的源码地址如下：第 1 章源码存放在 course1 目录下，第 2 章源码存放在 course2 目录下，之后各章以此类推。源码获取方式请见文前对于电子资源的介绍。

本章主要介绍 PaddlePaddle 开发环境搭建，本章所需操作系统和软件如下。

- 64位Windows 10专业版操作系统。
- Python 3.7。
- PyCharm开发工具。
- PaddlePaddle 2.0.0a0。

1.4 Python的安装

PaddlePaddle 的开发环境可以在在线平台或者本地计算机搭建，笔者是在 64 位的 Windows 10 专业版操作系统上搭建的。如果读者不想在本地搭建 PaddlePaddle 开发环境，可以直接阅读 1.6 节的 AI Studio 平台的使用。PaddlePaddle 在 Windows 操作系统上支持 Python 2.7、Python 3.5、Python 3.6 以及 Python 3.7，读者可以根据自己的实际情况安装自己喜欢的版本，本书使用的是 Python 3.7。下面我们就开始介绍如何安装 Python。

（1）首先需要下载 Python 的安装包，从 Python 官网下载 Python 3.7 的安装包，读者也可以在 Python 官网下载其他版本的安装包。

（2）双击运行已经下载的 Python 3.7 安装包开始安装。安装之前需要勾选“Add Python 3.7 to PATH”，把 Python 的安装路径添加到系统环境变量中，这个操作是为了方便之后使用 Python 命令和 pip 命令，否则每次执行这两个命令都需要进入对应的文件夹中。然后点击“Customize installation”开始自定义安装即可。Python 安装界面如图 1-1 所示。

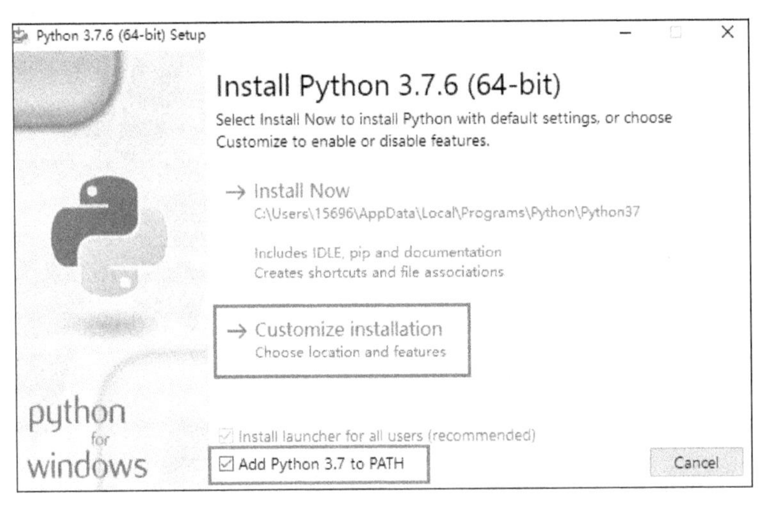

图1-1　Python安装界面

（3）选择自定义安装是为了选择自己的安装路径，本次选择安装在 C 盘根目录下的 Python37 目录中，其他的设置都不要修改。选择安装路径如图 1-2 所示。

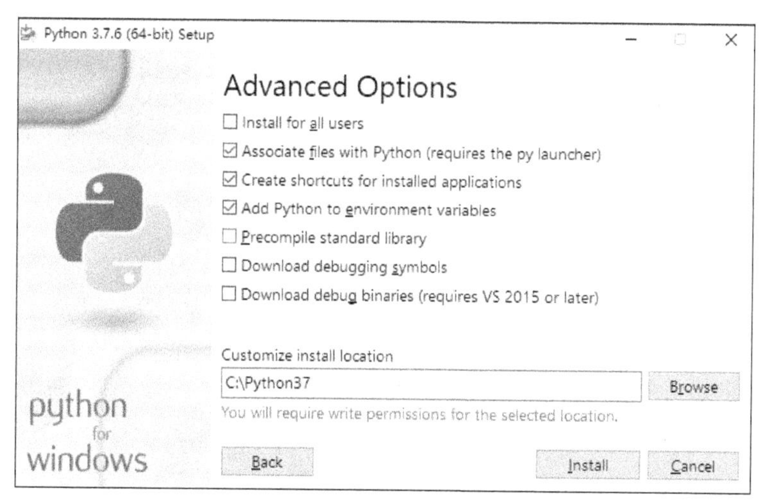

图1-2　选择安装路径

（4）安装完成之后，我们需要测试 Python 是否已经安装成功。打开 Windows PowerShell 或者命令提示符窗口，Windows 10 操作系统自带 Windows 操作 PowerShell，如果读者使用的是其他 Windows 版本，则可以使用命令提示符窗口进行操作。用命令 python -V 查看 Python 是否安装成功，如果安装成功，控制台会输出已经成功安装的 Python 版本信息。到目前为止，Windows 操作系统下安装 Python 就已经完成了，Python 安装结果如图 1-3 所示。

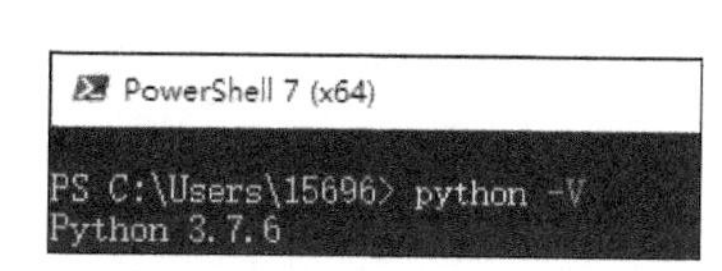

图1-3　Python安装结果

1.5　本地安装PaddlePaddle

接下来将同时介绍在 Windows 操作系统和 Ubuntu 操作系统下安装 PaddlePaddle 的方法，在 Windows 操作系统下安装 PaddlePaddle 前，需要按上面的步骤安装 Python。

1.5.1　Windows操作系统下安装PaddlePaddle

PaddlePaddle 在 1.2 版本之后开始支持 Windows 操作系统，所以在 Windows 操作系统下安装 PaddlePaddle 是非常简单的，直接执行 pip 命令就可以完成安装。

最简单的安装命令如下。

```
pip3 install paddlepaddle
```

PaddlePaddle 版本升级：以上命令自动安装最新的 PaddlePaddle 版本，如果之前有安装过 PaddlePaddle，但版本过低，想要升级最新的 PaddlePaddle 版本，可以使用下面的命令。

```
pip3 install paddlepaddle -U
```

指定 PaddlePaddle 版本：如果我们在开发过程中需要指定 PaddlePaddle 版本，那么我们也可以通过双等于号安装指定版本的 PaddlePaddle，安装的命令如下。

```
pip3 install paddlepaddle==2.0.0a0
```

指定镜像源：使用以上的安装命令，有时安装速度会比较慢，因为没有指定国内的镜像源，下载依赖库是非常慢的。在这种情况下我们可以指定在安装过程中使用的镜像源，以下命令使用的就是国内的阿里镜像源。

```
pip3 install paddlepaddle==2.0.0a0 -i https://mirrors.aliyun.com/pypi/simple/
```

安装 GPU 版本的 PaddlePaddle：使用以上命令安装的 PaddlePaddle 是 CPU 版本的，如果需要使用 GPU 进行训练，那么需要安装 GPU 版本的 PaddlePaddle。安装过程也很简单，只需要把命令中的 paddlepaddle 改为 paddlepaddle-gpu 即可安装 GPU 版本的 PaddlePaddle。在安装 GPU 版本的 PaddlePaddle 之前，还需要安装 CUDA 10.0 和 cuDNN 7，否则不能够使用 GPU 版本的 PaddlePaddle。在 2.0.0a0 版本中，在 Windows 操作系统安装 PaddlePaddle 仅支持 CUDA 9.0/10.0 的单卡模式，不支持 CUDA 9.1/9.2/10.1，这时需要使用 cuDNN 7.6 以上版本。

```
pip3 install paddlepaddle-gpu==2.0.0a0
```

卸载 PaddlePaddle：如果不需要使用 PaddlePaddle，也可以使用 pip 命令卸载 PaddlePaddle，卸载 CPU 版本的 PaddlePaddle 命令如下。

```
pip3 uninstall paddlepaddle
```

如果安装的是GPU版本，卸载的命令如下。

```
pip3 uninstall paddlepaddle-gpu
```

1.5.2　Ubuntu操作系统下安装PaddlePaddle

本书的PaddlePaddle是在Windows操作系统下安装的，但是为了方便使用Ubuntu操作系统的读者进行学习，这里增加了在Ubuntu操作系统下安装PaddlePaddle的教程。以Ubuntu 16.04操作系统为例，Ubuntu 16.04操作系统本身已经安装了Python 3.5，所以我们不需要再次安装Python，可以直接使用pip命令安装PaddlePaddle。

安装CPU版本：打开Ubuntu操作系统的终端，使用的快捷键是“Ctrl+Alt+T”，输入以下命令，安装CPU版本的PaddlePaddle并指定安装版本号。

```
pip3 install paddlepaddle==2.0.0a0
```

安装GPU版本：安装GPU版本的PaddlePaddle之前，要先安装CUDA和cuDNN。在安装PaddlePaddle的时候需要注意，不同的Ubuntu操作系统版本所支持的CUDA版本也不全相同，如Ubuntu 14.04操作系统支持CUDA 10.0/10.1，不支持CUDA 9.0/9.1/9.2；Ubuntu 16.04操作系统支持CUDA 9.0/9.1/9.2/10.0/10.1，Ubuntu 18.04操作系统支持CUDA 10.0/10.1，不支持CUDA 9.0/9.1/9.2。

```
pip3 install paddlepaddle-gpu==2.0.0a0
```

1.6　PyCharm的使用

工欲善其事，必先利其器。在正式使用PaddlePaddle之前，需要安装一款简单易用的开发工具。如果选择在本地开发的话，笔者建议使用PyCharm，PyCharm是目前较为流行的Python开发工具之一。请在PyCharm的官网下载安装包。

打开PyCharm下载页面就可以选择下载PyCharm，这里有两种版本：第一种是专业版（Professional），这个版本功能比社区版要强大很多，但是这个版本是收费的，只有 30 天的免费使用期限；第二种就是社区版（Community），这个版本是开源免费的，本书使用的 PyCharm 就是社区版。PyCharm 下载页面如图 1-4 所示。

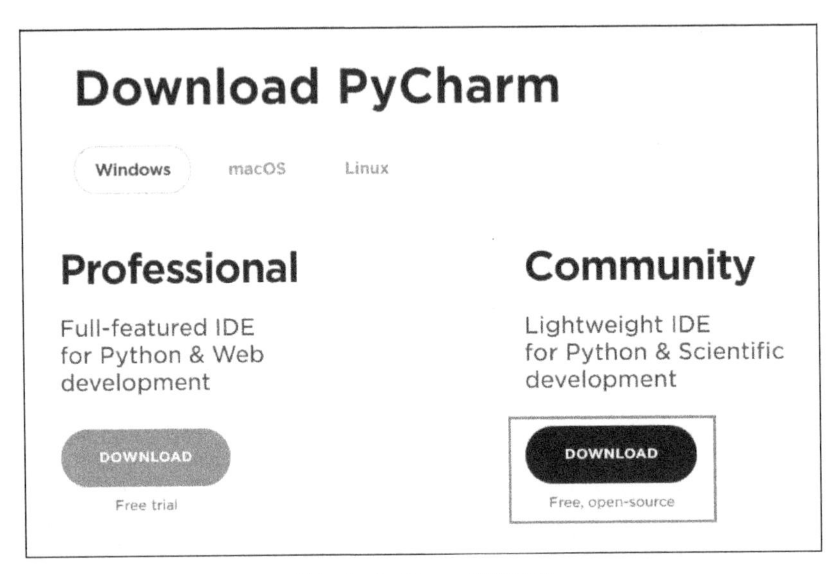

图1-4　PyCharm下载页面

下载安装包完成之后，直接双击运行安装包开始安装，安装过程一直选择默认选项即可。安装完成之后启动 PyCharm 创建新项目，点击“Create New Project”创建一个新项目，PyCharm 启动界面如图 1-5 所示，创建项目界面如图 1-6 所示。

进入创建项目界面，首先选择项目的路径和名称，然后选择 Python 环境。可以创建一个 Python 的虚拟环境，使用虚拟环境对以后的开发是比较有好处的，因为每个虚拟环境都是独立的，这样以后每个项目都拥有一个独立的 Python 环境，就不会因为环境的不同导致项目错误。如果读者不了解虚拟环境也没有关系，本书使用的是 Windows 操作系统下的 Python 环境，操作起来简单清晰，方便学习。在选择 Python 环境时选“Existing interpreter”即可。

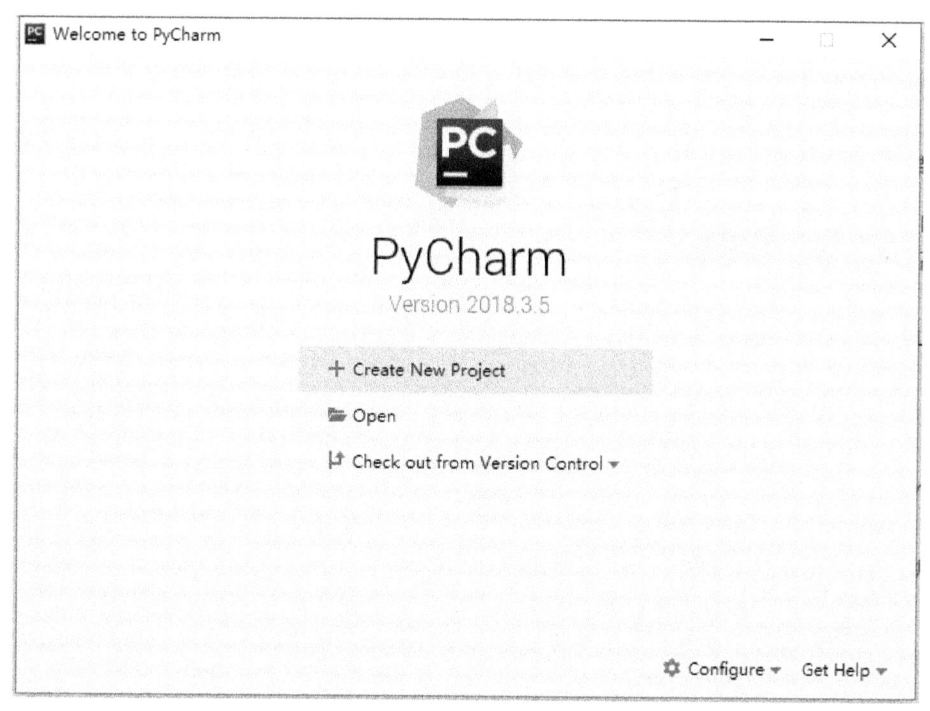

图1-5 PyCharm启动界面

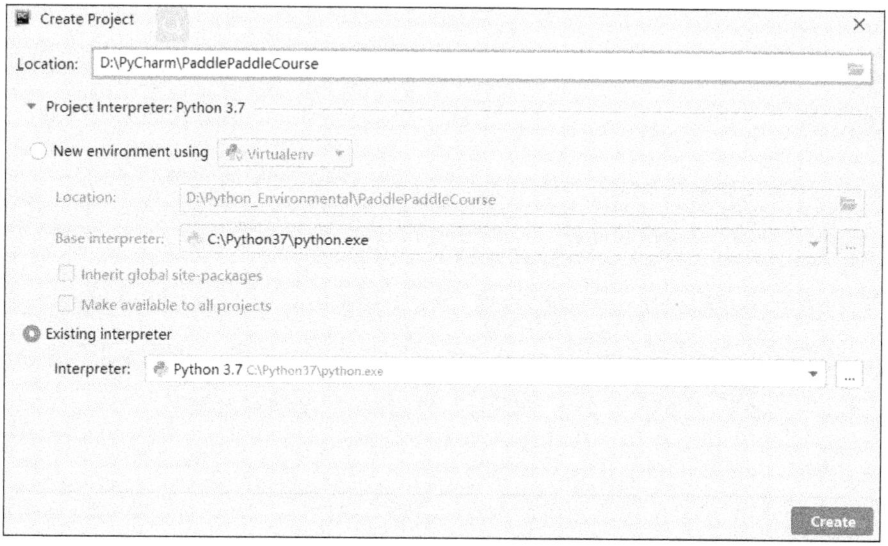

图1-6 创建项目界面

找到我们安装 Python 目录下的 python.exe 即可选择本项目使用的 Python 环境如图 1-7 所示。

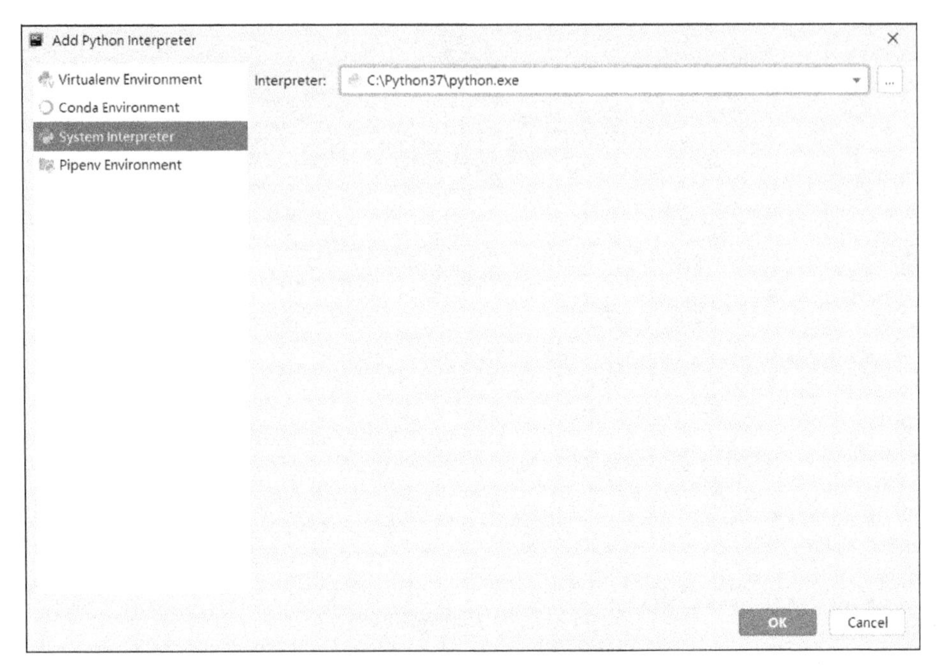

图1-7　选择本项目使用的Python环境

我们创建一个 Python 文件，命名为 test_paddle.py，在该文件中编写以下两行代码，并执行。

```
import paddle.fluid

paddle.fluid.install_check.run_check()
```

执行方式是在编辑区点击鼠标右键，然后选择 Run ‘test_paddle’ 接口运行该代码，当然也可以使用快捷键 “Ctrl+Shift+F10” 执行。如果正常输出以下信息，那证明 PaddlePaddle 已经成功安装，就可以开始你的深度学习之旅了。

```
    Running Verify Fluid Program ...
    Your Paddle Fluid is installed successfully! Let's start deep Learning
with Paddle Fluid now
```

1.7 AI Studio平台的使用

如果读者不想在本地搭建 PaddlePaddle 开发环境，那么 AI Studio 平台是一个不错的选择。AI Studio 平台是基于 PaddlePaddle 的一站式 AI 在线开发平台，提供在线编程环境、GPU 算力、海量开源算法和开放数据，帮助开发者快速创建和部署模型。没有 GPU 的读者可以考虑选择这个平台，它可提供 GPU 算力。在编写本书过程中，为了照顾没有 GPU 的读者，我们尽量使用 CPU 进行训练。如果使用这个在线平台，读者可以把全部项目都设置为使用 GPU 训练。

在 AI Studio 平台注册并登录之后，点击导航栏上的“项目”，进入项目页面。在项目页面点击右侧的“创建项目”按钮，开始创建我们的 PaddlePaddle 项目。项目和创建项目如图 1-8 所示。

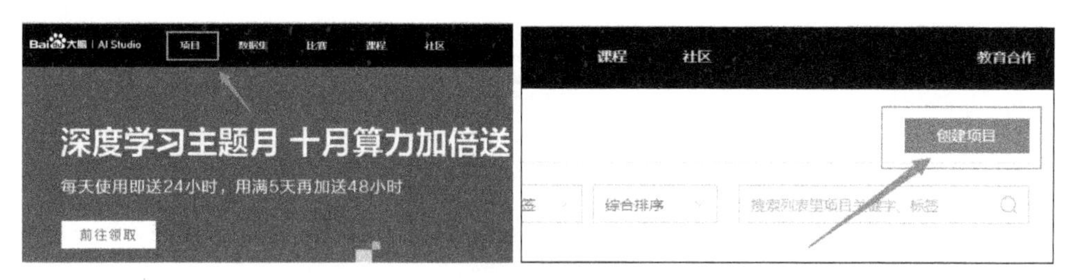

图1-8 项目和创建项目

点击创建项目按钮之后，首先要选择 Notebook 作为我们的编辑器，选择的预加载项目框架为 PaddlePaddle 1.8.4。在编写本书时，最新的预加载项目框架只有 PaddlePaddle 1.8.4 版本，如果想使用最新的 PaddlePaddle，可以在创建项目之后，按照前文介绍的安装教程进行安装。项目环境可以选择 Python 3.7，最后写上项目名称、项目标签和项目介绍，在这个页面可以选择挂载数据集，但本书中并不需要。最后单击“创建”按钮创建项目。项目环境配置如图 1-9 所示。

创建项目后，会自动跳转到项目页面，我们点击“运行”按钮启动项目。在启动项目时，需要选择运行环境，如图 1-10 所示，AI Studio 平台提供了基础版和高级版两种运行环境，其中高级版是提供 GPU 算力的，只要我们每天运行项目就会获得 12 小时的 GPU 免费使用时长。

图1-9　项目环境配置

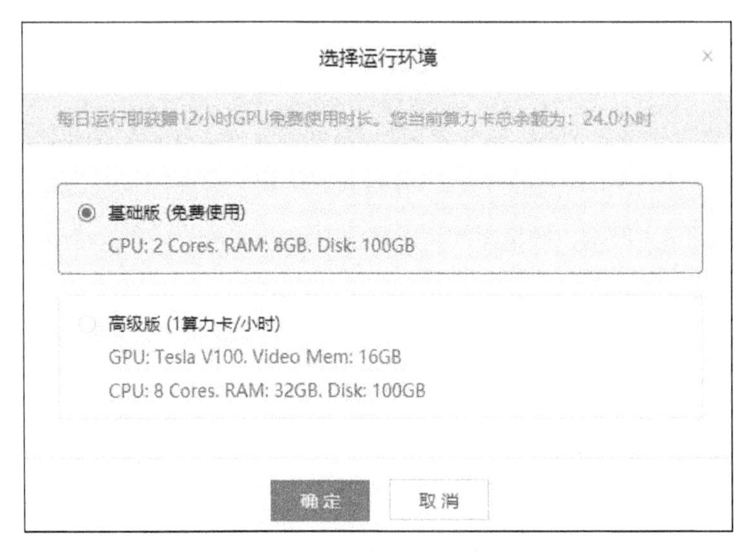

图1-10　选择运行环境

成功启动项目之后，项目页面的左侧是项目的环境信息，包括项目的文件夹、挂载的数据集、环境以及设置。从硬件信息中，我们可以看到 AI Studio 平台为这个项目分配的资源，这个配置是非常高的。AI Studio 平台提供了终端，可以使用终端重新安装所需的 PaddlePaddle 版本以及其他一些依赖库。在项目页面的右侧就是代码编写区域，我们可以在该区域编写本书的代码。项目页面如图 1-11 所示。

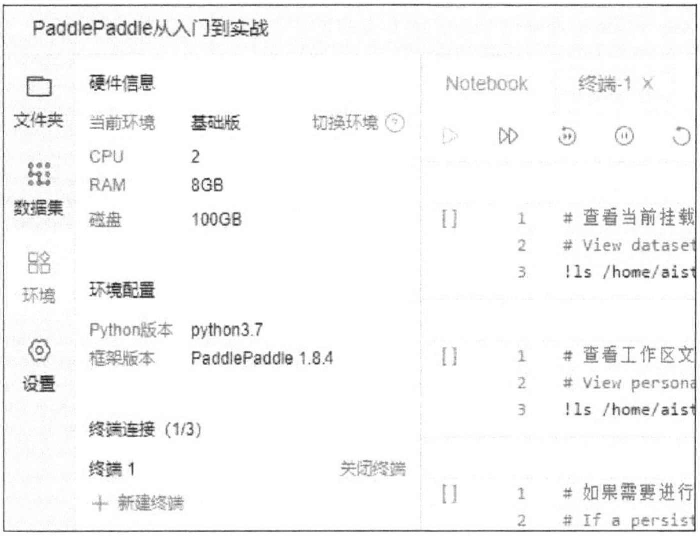

图1-11 项目页面

在 Notebook 代码编写区域，我们把第 2 章的代码放在这里测试一下，如图 1-12 所示。每一个代码单元都可以有一行或者多行代码，最后点击带有两个三角形的按钮运行全部代码，即可运行项目。在编写代码的时候需要注意如何导入包，笔者建议在导入包之后，就运行该段代码，这样在后面的代码编写过程中就可以将该包的代码补全。

Notebook 终端-1 ×

+ Code + Markdown 定位到当前运行Cell

```
[1]  1  import paddle.fluid as fluid
```

运行时长: 1秒147毫秒 结束时间: 2020-05-19 20:47:35

```
1  # 定义两个张量
2  x1 = fluid.layers.fill_constant(shape=[2, 2], value=1, dtype='int64')
3  x2 = fluid.layers.fill_constant(shape=[2, 2], value=1, dtype='int64')
```

运行时长: 11毫秒 结束时间: 2020-05-19 20:47:35

```
[3]  1  # 将两个张量求和
     2  y1 = fluid.layers.sum(x=[x1, x2])
```

运行时长: 7毫秒 结束时间: 2020-05-19 20:47:35

```
[4]  1  # 创建一个使用CPU的执行器
     2  place = fluid.CPUPlace()
     3  exe = fluid.executor.Executor(place)
     4  # 进行参数初始化
     5  exe.run(fluid.default_startup_program())
```

运行时长: 3毫秒 结束时间: 2020-05-19 20:47:35

```
[5]  1  # 进行运算，并把y的结果输出
     2  result = exe.run(program=fluid.default_main_program(),
     3                   fetch_list=[y1])
     4  print(result)
```

运行时长: 8毫秒 结束时间: 2020-05-19 20:47:35

```
[array([[2, 2],
        [2, 2]], dtype=int64)]
```

图1-12 Notebook代码编写区域

AI Studio 平台为每个项目都提供了终端，如果读者不熟悉 Notebook 的编写方式或者项目都是多文件的，这时可以使用终端运行代码，这里使用的终端与使用 Ubuntu 操作系统的终端是一样的。如使用 AI Studio 平台上的终端复制本项目的代码，如图 1-13 所示。

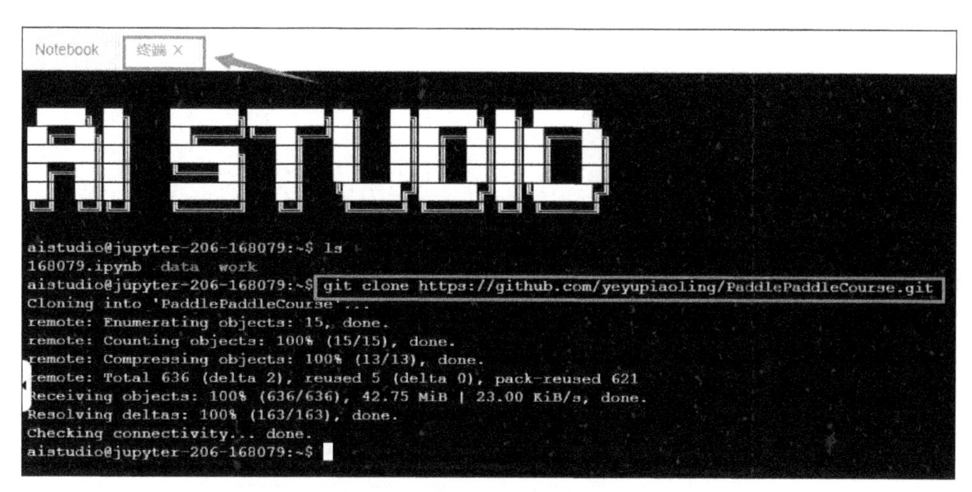

图1-13 使用AI Studio平台上的终端复制本项目的代码

然后切换到该项目的第 2 章代码，使用 python 命令运行代码，如图 1-14 所示，可以看到成功运行并输出结果。

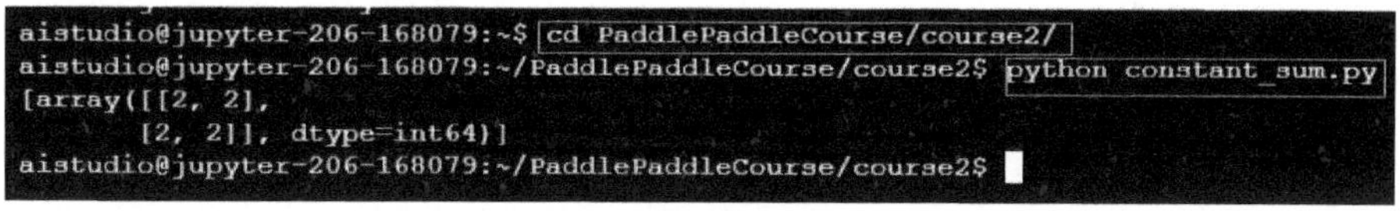

```
aistudio@jupyter-206-168079:~$ cd PaddlePaddleCourse/course2/
aistudio@jupyter-206-168079:~/PaddlePaddleCourse/course2$ python constant_sum.py
[array([[2, 2],
       [2, 2]], dtype=int64)]
aistudio@jupyter-206-168079:~/PaddlePaddleCourse/course2$
```

图1-14 运行代码

1.8 本章小结

到这里，PaddlePaddle 的安装已经介绍完了，让我们开启深度学习之旅吧。本书将会一步步介绍如何使用 PaddlePaddle，并将 PaddlePaddle 应用到实际项目中。

第 2 章

PaddlePaddle快速入门

2.1 两个小实例让PaddlePaddle跑起来

第 1 章我们已经介绍了 PaddlePaddle 的安装，并且已经验证 PaddlePaddle 能够正常使用，接下来将介绍如何使用 PaddlePaddle。本章将通过两个简单的加法运算例子，介绍 PaddlePaddle 如何定义输入层，如何输入数据并进行运算，如何输出运算结果等。相信通过这两个例子，读者会对 PaddlePaddle 的使用有更进一步的了解。

2.2 PaddlePaddle常量的使用

PaddlePaddle 类似一个科学计算库，类似 Python 下我们使用的 NumPy，提供大量的计算操作，但是 PaddlePaddle 的计算对象是张量，并且 PaddlePaddle 在深度学习方面的计算功能更加强大。下面我们就创建一个 constant_sum.py 文件，使用 PaddlePaddle 对两个常量进行加法计算。

首先导入 PaddlePaddle 库，PaddlePaddle 的大部分 API 都在 paddle.fluid 中。如加减乘除、三角函数等，这些函数都在 paddle.fluid 中。

```
import paddle.fluid as fluid
```

接着定义两个 PaddlePaddle 常量 x1 和 x2，并指定它们的形状是 [2，2]（也可以叫维度），并赋值为 1 铺满整个张量，类型为 int64。通过这些定义，我们得到这样一个张量：[[1，1]，[1，1]]。

```
x1 = fluid.layers.fill_constant(shape=[2, 2], value=1, dtype='int64')
x2 = fluid.layers.fill_constant(shape=[2, 2], value=1, dtype='int64')
```

接着定义一个相加的操作，将上面两个张量进行加法计算，并返回一个求和的算子。PaddlePaddle 也支持使用算术运算符号，如改成这样：x1 + x2。

```
y1 = fluid.layers.sum(x=[x1, x2])
```

然后创建一个执行器，执行器用于把数据传入模型中，并执行计算。在创建执行器的时候可以使用 place 参数指定 CPU 或 GPU 进行计算。当使用 CPUPlace() 函数时指定的是 CPU，当使用 CUDAPlace(0) 时指定的是 GPU（其中的 0 指使用序号为 0 的显卡）。值得注意的是，如果单纯使用执行器，则只能使用单个 GPU 进行计算，如果需要使用多个 GPU 计算的话，要使用 ParallelExecutor，这会复杂一些，这里不会涉及多卡训练，所以暂时可以不用理会多卡训练的问题。创建执行器之后，可以使用 fluid.Executor() 函数执行 fluid.default_startup_program() 函数，这个操作对整个 PaddlePaddle 程序进行参数随机初始化。

```
place = fluid.CPUPlace()
exe = fluid.executor.Executor(place)
exe.run(fluid.default_startup_program())
```

最后执行计算，同样是使用 fluid.Executor() 函数执行计算，不过这次使用的主程序的参数值是 fluid.default_main_program() 函数，这个主程序与上一步使用初始化参数的程序是不一样的，PaddlePaddle 中的程序默认一共有两个，分别是 default_startup_program() 函数和 default_main_program() 函数，只有执行了主程序计算才正式开始。通过指定 fetch_list 参数的值可以在执行器运行之后输出对应计算的值，如这个程序我们要输出 y1 即 x1 和 x2 进行加法运算之后的值。

```
result = exe.run(program=fluid.default_main_program(),
                 fetch_list=[y1])
print(result)
```

执行上面的代码之后，最终会输出以下结果，我们可以看到已经成功对两个张量进行了加法运算。

```
[array([[2, 2],
       [2, 2]], dtype=int64)]
```

2.3 PaddlePaddle变量的使用

上面是常量类型的张量的计算，我们不能随意修改常量的值。PaddlePaddle 是如何使用变量进行计算的呢？下面我们要创建一个 variable_sum.py 文件，介绍使用变量如何进行一个简单的加法计算。PaddlePaddle 中的变量类似一个占位符，只有在执行 exe.run() 函数的时候才会把值赋予变量。

导入 PaddlePaddle 库和 NumPy，其中 NumPy 是用于创建数据的。

```
import paddle.fluid as fluid
import numpy as np
```

这时我们需要定义两个张量，这里可以不需要指定它们的形状和值，只指定变量的类型和名称即可。PaddlePaddle 的每层都有名称，如下面的两个张量层的名称为 a 和 b，如果不手动指定，PaddlePaddle 会默认设置它们的名称。

```
a = fluid.layers.create_tensor(dtype='int64', name='a')
b = fluid.layers.create_tensor(dtype='int64', name='b')
```

使用同样的方式，把这两个变量进行加法操作。

```
y = fluid.layers.sum(x=[a, b])
```

这里同样是创建一个使用 CPU 的执行器和进行参数初始化。

```
place = fluid.CPUPlace()
exe = fluid.executor.Executor(place)
exe.run(fluid.default_startup_program())
```

然后使用 NumPy 创建两个矩阵，它们的形状都是 [1，2]，并且类型也是 int64。之后我们将这两个矩阵进行加法操作。

```
a1 = np.array([3, 2]).astype('int64')
b1 = np.array([1, 1]).astype('int64')
```

这个例子中 exe.run() 函数的参数与前面的例子有些差别，这里多指定了 feed 参数，PaddlePaddle 就是通过这个参数来对变量进行赋值的。该参数是一个字典类型的参数。其中字典的 key 定义变量名称，如上面定义的两个变量名 a 和 b，value 就是要传递的值，也就是我们定义的 a1 和 b1。fetch_list 参数定义为 a、b、y，把 a、b、y 的结果都输出。

```
out_a, out_b, result = exe.run(program=fluid.default_main_program(),
                               feed={a.name: a1, b.name: b1},
                               fetch_list=[a, b, y])
print(out_a," + ", out_b," = ", result)
```

通过上面的 exe.run() 函数之后，PaddlePaddle 就会把 a1 的值赋值给 a，把 b1 的值赋值给 b，最后再执行 fluid.layers.sum() 函数，并输出 fetch_list 参数指定的 3 个值。最终结果如下。

```
[3 2]  +  [1 1]  =  [4 3]
```

2.4 本章小结

回顾本章，我们学习了两个实例，分别对 PaddlePaddle 的常量和变量进行了简单的加法计算。通过这两个实例，我们简单掌握了 PaddlePaddle 的使用方法，对 PaddlePaddle 的用法有了进一步的了解。第 3 章会稍微增加学习难度，学习 PaddlePaddle 更高级的用法，你们准备好了吗？

第 3 章

PaddlePaddle的HelloWorld——线性回归算法

3.1 迈入PaddlePaddle实战第一站

在第 2 章，我们已经学习了如何使用 PaddlePaddle 来进行加法计算，虽然非常简单，但让我们初步掌握了 PaddlePaddle 的使用方法。接下来，我们将使用 PaddlePaddle 来完成一个完整的实例。本章将介绍使用 PaddlePaddle 完成一个深度学习的入门实例——线性回归算法，让我们通过这个例子一起迈进深度学习的大门。

3.2 PaddlePaddle深度学习实战——线性回归算法

下面我们就开始学习 PaddlePaddle 的第一个实例。当我们在学习一门编程语言的时候，都会编写一个 HelloWorld 实例，线性回归算法就是我们入门 PaddlePaddle 的 HelloWorld 例子。

首先导入 PaddlePaddle 库和 NumPy。

```
import paddle.fluid as fluid
import numpy as np
```

3.2.1　深度神经网络模型的搭建

“神经网络”这个名称来源于生物学，在生物体中有一种神经细胞，也就是神经元，如图 3-1 所示。一个神经元通常有多个树突，主要用来接收传入的信号，而轴突只有一条，轴突尾端有许多轴突末梢可以给其他多个神经元传递信号，轴突末梢与其他神经元的树突产生连接，从而传递信号，这个连接的位置在生物学上称为“突触”。

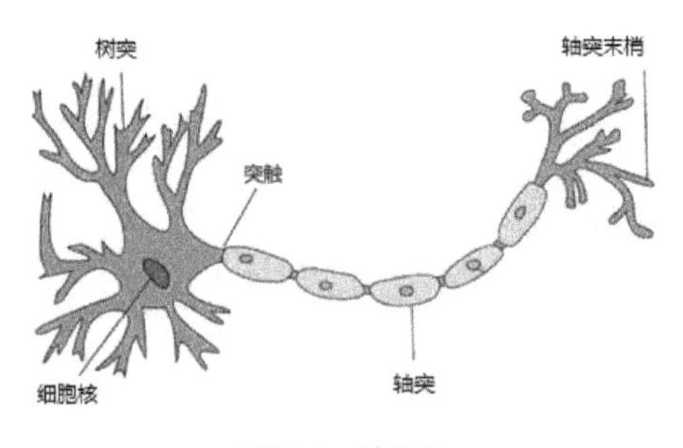

图3-1　神经元

在深度学习中，也有类似的神经元，虽然它们不能直接等同于生物体中的神经元，但是它可以非常形象地表达神经元模型的计算结构。图 3-2 所示的神经元模型，它有多个输入，先经过求积求和计算，再经过非线性函数（如 ReLU 等各种激活函数），最终输出计算结果。

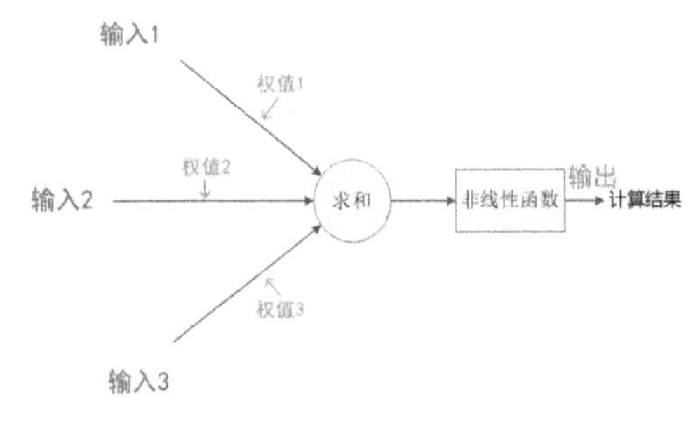

图3-2　神经元模型

将多个神经元模型组合在一起，就构成了一个神经网络。图 3-3 是一个简单的神经网络模型，这个模型依次分为输入层、隐层、输出层。输入层的每一个输入都会与隐层连接，通过隐层的计算，最终连接输出层进行输出。

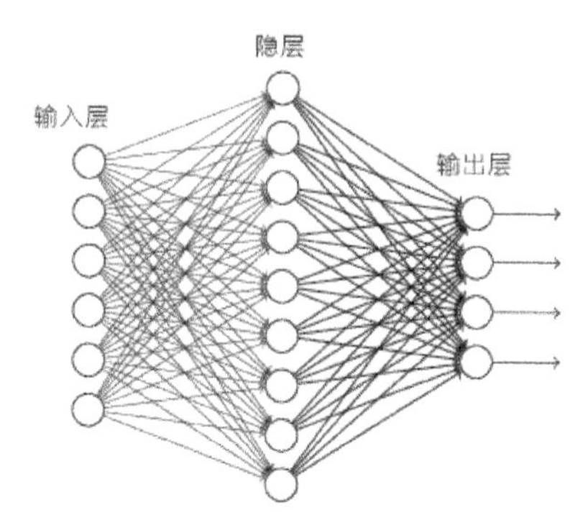

图3-3 简单的神经网络模型

在简单神经网络模型的基础上，再在输入层和输出层之间增加多个隐层，从而增加整个模型的深度。因为拥有大量隐层，所以称为深度神经网络模型，如图 3-4 所示。

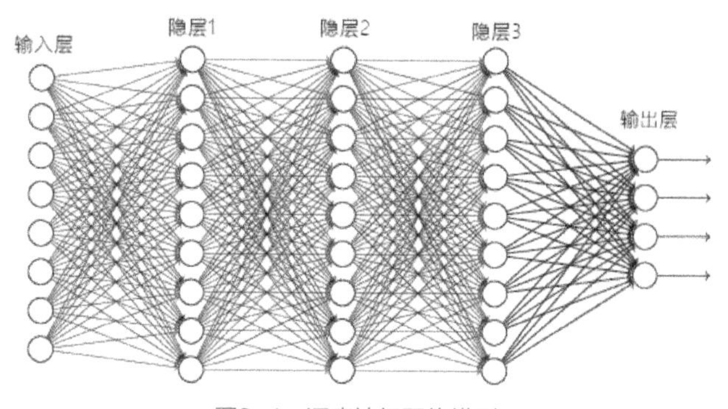

图3-4 深度神经网络模型

深度神经网络模型的搭建步骤如下。

第 1 步，我们使用 PaddlePaddle 来定义一个深度神经网络模型。这个深度神经网络模型非常简单，结构包括输入层、隐层 1、隐层 2、输出层，这个深度神经网络模型一共有 3 层，因为输入层不参与计算，所以不算入总层数。使用 fluid.data() 函数定义一个输入层，指定输入层的名称、形状以及类型，shape 的第 1 个参数是输入数据的批量大小，通常设置为 None，这样可以自动根据输入数据的批量大小变动，通常深度神经网络模型的输入层都是 float32 类型的。然后使用 fluid.layers.fc() 函数定义两个隐层，指定大小为 100，激活函数为 ReLU，这样的隐层也称为全连接层，全连接层的大小是指定的神经元数量，使用激活函数是为了让深度神经网络模型更具有非线性。最后是一个输出大小为 1 的全连接层，也称为输出层，没有指定激活函数。通过上面的过程最终构建了一个线性回归网络模型，它属于深度神经网络模型。这里使用 fluid.data() 函数定义的输入层类似于 fluid.layers.create_tensor() 函数，也有 name 属性，之后根据这个属性值来填充数据。

```
x = fluid.data(name='x', shape=[None, 1], dtype='float32')
hidden = fluid.layers.fc(input=x, size=100, act='relu')
hidden = fluid.layers.fc(input=hidden, size=100, act='relu')
net = fluid.layers.fc(input=hidden, size=1, act=None)
```

创建深度神经网络模型之后，就可以从主程序中复制一个程序用于预测数据。复制程序的顺序是有要求的，因为当我们使用 PaddlePaddle 函数定义深度神经网络模型和损失函数等训练模型所用到的计算时，PaddlePaddle 都按照顺序把这些计算添加到主程序中，所以当我们定义深度神经网络模型结束之后，主程序中只有一个深度神经网络模型，并没有损失函数或者准确率函数等的计算，从这里复制的预测程序只有深度神经网络模型的输入和输出，而深度神经网络模型输出的预测结果正是预测程序所需的。

```
infer_program = fluid.default_main_program().clone(for_test=True)
```

第 2 步，定义深度神经网络模型的损失函数。首先需要使用 fluid.data() 函数定义一个标签层，这个标签层可以理解为每组数据对应的真实结果。然后定义一个平方差损失函数，使用的 PaddlePaddle 函数是 fluid.layers.square_error_cost() 函数。损失是指单个样本的预测值与真实值的差，损失值越小，代表深度神经网络模型越好；如果预测值与真实值相等，就是没有损失。用于计算损失值的函数就称为损失函数。我们可以使用损失函数来评估深度神经网络模型的好坏。PaddlePaddle 提供很多损失函数，如交叉熵损失函数。因为本实例是一个线性回归算法，所以使用的是平方差损失函数。

因为 fluid.layers.square_error_cost() 函数求的是一个批量的损失值，所以可以使用 PaddlePaddle 的 fluid.layers.mean() 函数对其求平均值。

```
y = fluid.data(name='y', shape=[None, 1], dtype='float32')
cost = fluid.layers.square_error_cost(input=net, label=y)
avg_cost = fluid.layers.mean(cost)
```

第 3 步，定义训练使用的优化方法。优化方法可以在训练深度神经网络模型的过程中修改学习率[①] 的大小，可以使得学习率更有利于深度神经网络模型的收敛。这里使用的是随机梯度下降（Stochastic Gradient Descent，SGD）优化方法。PaddlePaddle 提供了大量的优化方法，除了本实例使用的 SGD，还有 Momentum、AdaGrad 等，读者可以根据自己的需求使用不同的优化方法。在定义优化方法时，可以指定学习率的大小，学习率的大小也需要根据情况而定。当学习率比较大时，深度神经网络模型的收敛速度会很快，但是有可能达不到全局最优；当学习率太小时，会导致深度神经网络模型收敛得非常慢。

```
optimizer = fluid.optimizer.SGDOptimizer(learning_rate=0.01)
opts = optimizer.minimize(avg_cost)
```

第 4 步，创建一个执行器，我们同样使用 CPU 来进行训练。创建执行器之后，使用执行器来执行 fluid.default_startup_program() 函数初始化参数。

```
place = fluid.CPUPlace()
exe = fluid.Executor(place)
exe.run(fluid.default_startup_program())
```

我们使用 NumPy 定义一组数据，这组数据分别是输入层的数据 x_data 和标签层的数据 y_data，这组数据有 5 个，相当于一个小的批量。这组数据是符合 $y = 2 * x + 1$ 的，但是程序并不知道这组数据是符合什么规律的。我们之后使用这组数据进行训练，看看强大的深度神经网络是否能够训练出一个拟合这个函数的深度神经

① 学习率：学习率与每一次训练的进度相关，通常学习率会随着训练的进行不断减小。

网络模型。

```
x_data = np.array([[1.0], [2.0], [3.0], [4.0], [5.0]]).astype('float32')
y_data = np.array([[3.0], [5.0], [7.0], [9.0], [11.0]]).astype('float32')
```

第 5 步，开始训练深度神经网络模型。我们训练了 100 轮，随着训练的进行深度神经网络模型不断收敛，直到完全收敛，完全收敛的表现是损失值固定在一个值周围浮动变化。读者可根据深度神经网络模型训练的实际情况设置训练的轮数，直到深度神经网络模型完全收敛。关于 Executor.run() 函数的参数在第 2 章已经介绍过，其中 program 参数的值仍然是 fluid.default_main_program() 函数，而 feed 参数是一个字典型参数，这次输出有两个值，分别是深度神经网络模型的输入层 x 和 标签层 y。fetch_list 参数的值是 avg_cost，该参数可以让执行器在训练过程中输出深度神经网络模型的损失值，观察模型收敛情况。

```
for pass_id in range(100):
    train_cost = exe.run(program=fluid.default_main_program(),
                         feed={x.name: x_data, y.name: y_data},
                         fetch_list=[avg_cost])
    print("Pass:%d, Cost:%0.5f" % (pass_id, train_cost[0]))
```

以下就是在训练过程中输出的部分日志，从损失值来看，深度神经网络模型能够收敛而且收敛到一个非常好的状态。

```
Pass:0, Cost:65.61024
Pass:1, Cost:26.62285
Pass:2, Cost:7.78299
Pass:3, Cost:0.59838
Pass:4, Cost:0.02781
Pass:5, Cost:0.02600
Pass:6, Cost:0.02548
Pass:7, Cost:0.02496
Pass:8, Cost:0.02446
Pass:9, Cost:0.02396
```

训练结束之后，定义了一个预测数据，使用这个数据作为 x 的输入，看看是否能够预测出与正确值相近的结果。这次 exe.run() 函数的 program 参数值是我们从主程序中复制的预测程序 infer_program，fetch_list 参数的值是深度神经网络模型的输出层，这样就可以把深度神经网络模型的预测结果输出。

```
test_data = np.array([[6.0]]).astype('float32')
result = exe.run(program=infer_program,
                 feed={x.name: test_data},
                 fetch_list=[net])
print("当x为6.0时，y为：%0.5f:" % result[0][0][0])
```

以下是预测结果，上面定义的数据满足 $y = 2 * x + 1$ 的规律。所以当 x 为 6 时，y 应该是 13，最后输出的这个结果已经非常接近 13 了，成功达到了我们的预期。

```
当x为6.0时，y为：12.91597
```

3.2.2 利用房价数据集对深度神经网络模型进行验证

上面的例子中我们使用了自己定义的数据，PaddlePaddle 提供了很多常见的数据集。在下面的例子我们将会使用 PaddlePaddle 提供的数据集并使用上面的深度神经网络模型进行训练。首先创建 uci_housing_linear.py 文件，这次使用的是波士顿房价数据集（Boston Housing Data Set），这个数据集是学习线性回归算法最常用的数据集之一。

首先导入所需的依赖库，其中 paddle.dataset.uci_housing 用于获取波士顿房价数据集。

```
import paddle.fluid as fluid
import paddle
import paddle.dataset.uci_housing as uci_housing
import numpy
```

然后定义深度神经网络模型、获取预测程序、定义损失函数、定义优化方法和创建执行器。这些步骤与上面的例子是一样的。

```
# 定义一个简单的深度神经网络模型
x = fluid.data(name='x', shape=[None, 13], dtype='float32')
hidden = fluid.layers.fc(input=x, size=100, act='relu')
```

```
hidden = fluid.layers.fc(input=hidden, size=100, act='relu')
net = fluid.layers.fc(input=hidden, size=1, act=None)

# 获取预测程序
infer_program = fluid.default_main_program().clone(for_test=True)

# 定义损失函数
y = fluid.data(name='y', shape=[None, 1], dtype='float32')
cost = fluid.layers.square_error_cost(input=net, label=y)
avg_cost = fluid.layers.mean(cost)

# 定义优化方法
optimizer = fluid.optimizer.SGDOptimizer(learning_rate=0.01)
opts = optimizer.minimize(avg_cost)

# 创建一个使用CPU的执行器
place = fluid.CPUPlace()
exe = fluid.Executor(place)
exe.run(fluid.default_startup_program())
```

这次我们的数据集不是一下子全部“丢入”训练中，而是把它们分成一个个小批量数据，每个批量数据的大小我们可以通过 batch_size 进行设置，这里定义了训练和测试两个数据集。

```
train_reader = paddle.batch(reader=uci_housing.train(), batch_size=128)
test_reader = paddle.batch(reader=uci_housing.test(), batch_size=128)
```

接着定义数据输入的维度。在使用自定义数据的时候，我们是使用键值对方式添加数据的，但是我们调用 API 来获取数据集时，已经将属性数据和结果放在一个批量数据中了，所以需要使用 PaddlePaddle 提供的 fluid.DataFeeder() 函数接收输入的数据，place 参数指定是向 GPU 还是 CPU 中输入数据，feed_list 参数指定输入层。

```
feeder = fluid.DataFeeder(place=place, feed_list=[x, y])
```

接下来就开始训练，每一轮训练都会把数据集拆分为多个批量数据，每次训练一个批量数据，通过 feeder.feed() 函数把数据加入训练中。

```
for pass_id in range(300):
    train_cost = 0
    for batch_id, data in enumerate(train_reader()):
        train_cost = exe.run(program=fluid.default_main_program(),
                             feed=feeder.feed(data),
                             fetch_list=[avg_cost])
    print("Pass:%d, Cost:%0.5f" % (pass_id, train_cost[0][0]))
```

以下是训练过程中输出的日志。

```
Pass:0, Cost:22.68169
Pass:1, Cost:282.92120
Pass:2, Cost:110.04783
Pass:3, Cost:66.75029
Pass:4, Cost:19.97637
Pass:5, Cost:101.58493
Pass:6, Cost:16.02094
Pass:7, Cost:43.32439
Pass:8, Cost:20.95375
Pass:9, Cost:20.79462
```

在训练结束之后，我们把原本的测试数据集拆分为数据和标签，然后执行预测数据。因为预测的数据是一个批量数据，所以预测的结果也有多个，可以通过一个循环把预测结果提取出来和真实结果进行对比。

```
for data in test_reader():
    infer_data = numpy.array([data[0] for data in data]).astype("float32")
    infer_label = numpy.array([data[1] for data in data]).astype("float32")
    infer_result = exe.run(program=infer_program,
                           feed={x.name: infer_data},
                           fetch_list=[net])
    for i in range(len(infer_label)):
        print('预测结果: %f, 真实结果: %f' % (infer_result[0][i]
[0], infer_label[i][0]))
```

以下是预测结果和真实结果。

```
预测结果: 8.054203, 真实结果: 8.500000
预测结果: 6.147829, 真实结果: 5.000000
预测结果: 11.408962, 真实结果: 11.900000
预测结果: 29.675634, 真实结果: 27.900000
预测结果: 11.963984, 真实结果: 17.200001
```

```
预测结果: 18.689388, 真实结果: 27.500000
预测结果: 32.578606, 真实结果: 15.000000
预测结果: 19.175819, 真实结果: 17.200001
预测结果: 9.683511, 真实结果: 17.900000
预测结果: 13.476391, 真实结果: 16.299999
预测结果: 7.398831, 真实结果: 7.000000
```

3.3 本章小结

本章知识点已经学完。通过本章的线性回归算法例子，相信读者已经对深度学习和 PaddlePaddle 的使用有了非常深刻的了解，欢迎读者正式加入人工智能，希望读者能够坚定信心，在自己喜欢的领域一直走下去。在第 4 章，我们将会介绍使用卷积神经网络进行 MNIST 手写数字识别，实现一个图像分类模型。

第 4 章

卷积神经网络实战——MNIST手写数字识别

4.1 图像识别之卷积神经网络模型

第 3 章我们已经通过线性回归算法入门深度学习，也熟悉了 PaddlePaddle 的基本使用方法，并了解如何使用 PaddlePaddle 搭建一个简单的深度神经网络模型，本章我们将会学习如何使用卷积神经网络（Convolutional Neural Network，CNN）。如今深度学习已成为计算机视觉研究领域的核心工具之一，这得益于卷积神经网络在提取图像特征方面的强大能力。本章我们将会介绍如何使用 PaddlePaddle 定义一个卷积神经网络模型，并使用它来完成图像识别任务。

4.2 PaddlePaddle CNN模型实战——MNIST手写数字识别

创建一个图像分类的文件，名为 mnist_classification.py。首先在程序开头导入所需的包，并使用 PaddlePaddle 的 paddle.dataset.mnist() 函数获取 PaddlePaddle 内部提供的 MNIST 数据集，MNIST 数据集作为一个简单的计算机视觉数据集，包括一系列图 4-1 所示的手写数字图片和对应的标签。图片是 28px × 28px 的灰度图像，标签则对应着 0~9 的 10 个数字。每张图片都经过了大小归一化和居中处理。MNIST 数据集包括 60 000 条训练集数据和 10 000 条测试集数据。

3 4 7 0 4 1 1 4 3 1

图4-1　MNIST数据集

本章使用了处理图像的工具包 PIL，在图像预处理中会经常使用 PIL，同样比较常用的图像处理工具包还有 CV2。

```
import numpy as np
import paddle as paddle
import paddle.dataset.mnist as mnist
import paddle.fluid as fluid
from PIL import Image
```

卷积神经网络一般用于图像特征提取，如图像分类、目标检测、文字识别几乎都使用卷积神经网络作为图像的特征提取工具。卷积神经网络通常由卷积层、池化层和全连接层组成。

卷积层是卷积神经网络的基石。在图像识别中卷积是指二维卷积，即离散二维滤波器（也称作卷积核）与二维图像做卷积操作，简而言之就是二维滤波器滑动到二维图像上的所有位置，并在每个位置上与该像素点及其领域像素点做内积。卷积操作被广泛应用于图像处理领域，不同卷积核可以提取不同的特征，如边沿、线性、角等特征。在深层卷积神经网络中，通过卷积操作可以提取出图像从简单到复杂的特征。图 4-2 所示就是一个卷积操作，左边蓝色的矩阵就是一幅图像，这幅图像和一个卷积做内积，最终得到右边的卷积结果。

PaddlePaddle 提供了大量的卷积神经网络函数，使用 PaddlePaddle 创建一个卷积层非常方便，如下文代码片段所示，通过 fluid.layers.conv2d() 函数就可以创建一个卷积层，这个函数的 input 参数是卷积层的输入数据，输入数据可以是图像等原始数据，也可以是输出的计算结果。num_filters 参数指定卷积核的数量，也就是上面说的二维滤波器，卷积核的数量决定输出数据的通道数。filter_size 参数是卷积核的大小，卷积核的大小通常有 1、3、5 等，当卷积核大小为 1 时，这个卷积层又称为全卷积层。stride 参数是指定每做一次卷积之后卷积位置移动的步长。

```
conv = fluid.layers.conv2d(input=input,
                           num_filters=32,
                           filter_size=3,
                           stride=1)
```

池化层用于在卷积神经网络中执行池化操作。池化是非线性下采样的一种形式，主要作用是通过减少卷积神经网络的参数来减小计算量，并且能够在一定程度上控制过拟合。通常在卷积层的后面会加上一个池化层。池化包括最大池化、平均池化等。其中最大池化是用不重叠的矩形框将输入层分成不同的区域，对每个矩形框中的数取最大值作为输出层，如图 4-3 所示。

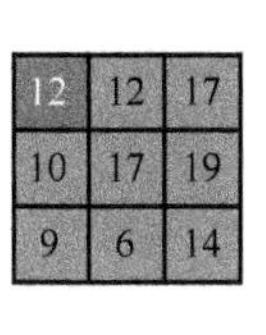

图4-2 卷积操作

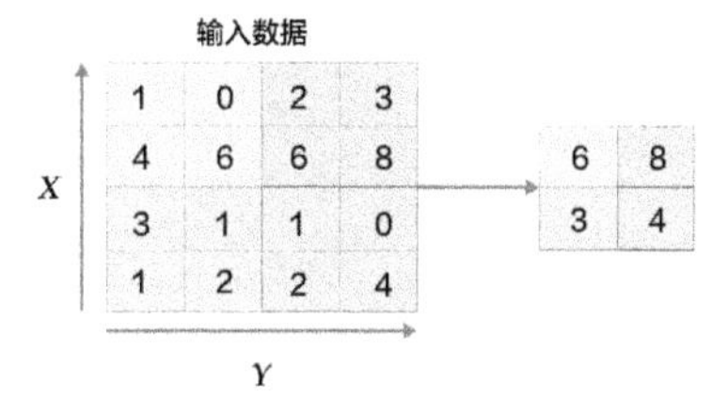

图4-3 最大池化

使用 fluid.layers.pool2d() 函数可以创建一个池化层，如下为池化层的代码示例。其中 input 参数为上一层计算的结果；pool_size 参数为池化层的大小；pool_stride 参数是指每一次池化后移动的步长；pool_type 参数指定池化的类型，当参数值为 max 时，该池化层为最大池化层，当参数值为 avg 时，该池化层为平均池化层。

```
pool = fluid.layers.pool2d(input=conv1,
                           pool_size=2,
                           pool_stride=1,
                           pool_type='max')
```

下面我们就使用 PaddlePaddle 搭建一个简单的卷积神经网络模型，一共定义了 5 层，加上输入层的话，它的结构是：输入层、卷积层、池化层、卷积层、池化层、输出层。

最后的输出层是一个全连接层，指定全连接层的大小是 10，因为 MNIST 数据集的类别数量是 10，使用的激活函数是 Softmax。Softmax 在分类任务中可以把一些输入映射为 0 ~ 1 的实数，并且归一化保证和为 1。Softmax 经常用于分类任务中，向卷积神经网络模型中输入一组数据，最终输出每个类别的概率，全部概率的总和等于 1。

```
def convolutional_neural_network(input):
    conv1 = fluid.layers.conv2d(input=input,
                                num_filters=32,
                                filter_size=3,
                                stride=1)
    pool1 = fluid.layers.pool2d(input=conv1,
                                pool_size=2,
                                pool_stride=1,
                                pool_type='max')
    conv2 = fluid.layers.conv2d(input=pool1,
                                num_filters=64,
                                filter_size=3,
                                stride=1)
    pool2 = fluid.layers.pool2d(input=conv2,
                                pool_size=2,
                                pool_stride=1,
                                pool_type='max')
    fc = fluid.layers.fc(input=pool2, size=10, act='softmax')
    return fc
```

定义输入层。输入的是 MNIST 数据集的图像数据，上面介绍了 MNIST 数据集中的图像是 28px × 28px 的灰度图像，忽略批量的大小，输入数据的形状是 [1，28，28]；如果图像是 32px × 32px 的彩色图，那么输入的形状是 [3，32，32]，因为灰度图只有一个通道，而彩色图有 3 个通道。

定义标签层。每幅图像会对应一个标签，所以标签层的形状是 [None，1]，标签也是一个整数，所以它的类型是 int64。

```
image = fluid.data(name='image', shape=[None, 1, 28, 28], dtype='float32')
label = fluid.data(name='label', shape=[None, 1], dtype='int64')
```

通过上面的卷积神网络的定义和输入层的定义，我们就可以获取一个卷积神经网络的分类器，之后会使用这个分类器进行训练。

```
model = convolutional_neural_network(image)
```

在第 3 章中，我们介绍过在通过深度神经网络获取输出之后，就可以从主程序中复制一个程序用于训练结束时的预测。

```
infer_program = fluid.default_main_program().clone(for_test=True)
```

定义损失函数和准确率函数。本章使用的损失函数是交叉熵损失函数，交叉熵损失函数在分类任务中被广泛使用，交叉熵损失函数为 fluid.layers.cross_entropy()。与第 3 章不同的是，本章多定义了一个准确率函数，准确率函数可以帮助我们计算在训练过程中和测试过程中分类器输出的分类结果的准确率，可以清楚地看到卷积神经网络模型分类的能力。

```
cost = fluid.layers.cross_entropy(input=model, label=label)
avg_cost = fluid.layers.mean(cost)
acc = fluid.layers.accuracy(input=model, label=label)
```

本章我们多复制一个程序，在定义损失函数和准确率函数之后，我们从主程序中复制一个程序作为测试程序，在这个位置复制是为了能够在测试中输出损失值和准确率。

```
test_program = fluid.default_main_program().clone(for_test=True)
```

本章使用的是 Adam 优化方法，Adam 是一种自适应调整学习率的方法，适用于大多数非凸优化、大数据集和高维空间的场景。在实际应用中，Adam 是最为常用的一种优化方法。我们可以指定初始学习率为 0.001。

```
optimizer = fluid.optimizer.AdamOptimizer(learning_rate=0.001)
opts = optimizer.minimize(avg_cost)
```

通过调用 PaddlePaddle 的 paddle.dataset.mnist() 函数可以获取 MNIST 数据集，MNIST 数据集分为训练集和测试集。下面就可以通过 mnist.train() 函数和 mnist.test() 函数获取训练集和测试集。并使用 paddle.batch() 函数把数据集分割成一个个批量数据，并指定每一个批量数据为 128 张。

```
train_reader = paddle.batch(mnist.train(), batch_size=128)
```

```
test_reader = paddle.batch(mnist.test(), batch_size=128)
```

接下来定义 PaddlePaddle 的执行器和初始化参数，本章我们还是使用 CPU 进行训练。

```
place = fluid.CPUPlace()
exe = fluid.Executor(place)
exe.run(fluid.default_startup_program())
```

然后定义输入数据的维度，通过 feed_list 参数指定每一组数据输入的顺序，通过 place 参数指定训练数据是向 CPU 输入的。

```
feeder = fluid.DataFeeder(place=place, feed_list=[image, label])
```

最后就可以开始训练了，我们这次训练两轮，因为这个数据集非常简单，所以卷积神经网络模型很容易就拟合了。虽然只训练了两轮，但卷积神经网络模型已经有了一个很高的准确率。上面我们已经使用 fluid.layers.accuracy() 函数定义了一个求准确率的函数，我们在训练的时候利用这个准确率函数输出当前的卷积神经网络模型的准确率。

```
for pass_id in range(2):
    for batch_id, data in enumerate(train_reader()):
        train_cost, train_acc = exe.run(program=fluid.default_main_
program(),
                                        feed=feeder.feed(data),
                                        fetch_list=[avg_cost, acc])
        if batch_id % 100 == 0:
            print('Pass:%d, Batch:%d, Cost:%0.5f, Accuracy:%0.5f' %
                  (pass_id, batch_id, train_cost[0], train_acc[0]))
```

每一轮训练结束之后，再进行一次测试，使用测试集进行测试，并求出当前的损失值和准确率的平均值。测试集是没有经过训练的，也就是说测试集的图片是没有在训练集出现过的。如果训练集的准确率和测试集的准确率几乎一样，则可以说该卷积神经网络模型的泛化能力很强，同一个类别的图片就算没有训练过，也可以正确预测。

```
    test_accs = []
```

```
        test_costs = []
        for batch_id, data in enumerate(test_reader()):
            test_cost, test_acc = exe.run(program=test_program,
                                          feed=feeder.feed(data),
                                          fetch_list=[avg_cost, acc])
            test_accs.append(test_acc[0])
            test_costs.append(test_cost[0])
        test_cost = (sum(test_costs) / len(test_costs))
        test_acc = (sum(test_accs) / len(test_accs))
        print('Test:%d, Cost:%0.5f, Accuracy:%0.5f' % (pass_id, test_cost,
test_acc))
```

以下是训练和测试输出的日志。从输出的日志来看，训练集的准确率和测试集的准确率都很高，说明这个卷积神经网络模型收敛得很好。如果训练集的准确率很高，测试集的准确率很低，这种情况称为过拟合，那么这个卷积神经网络模型无法正确预测其他图像。解决过拟合的方法是增加训练集，或者增加正则等操作。与过拟合对应的另一种情况是欠拟合，欠拟合是训练集和测试集的准确率都很低，导致这种情况出现的原因可能是卷积神经网络模型的拟合能力不强、数据集不足或者数据集噪声过多。

```
Pass:0, Batch:0, Cost:5.11894, Accuracy:0.10938
Pass:0, Batch:100, Cost:0.16893, Accuracy:0.96875
Pass:0, Batch:200, Cost:0.16954, Accuracy:0.96094
Pass:0, Batch:300, Cost:0.15723, Accuracy:0.96094
Pass:0, Batch:400, Cost:0.20724, Accuracy:0.93750
Test:0, Cost:0.08705, Accuracy:0.97310
Pass:1, Batch:0, Cost:0.13604, Accuracy:0.97656
Pass:1, Batch:100, Cost:0.09235, Accuracy:0.96875
Pass:1, Batch:200, Cost:0.05948, Accuracy:0.98438
Pass:1, Batch:300, Cost:0.14709, Accuracy:0.97656
Pass:1, Batch:400, Cost:0.14634, Accuracy:0.96875
Test:1, Cost:0.09337, Accuracy:0.97369
```

训练结束之后，我们预测一下图像，看看卷积神经网络模型是否能够正确预测图像对应的标签。在图像训练中，图像是经过预处理并转换成张量加载到PaddlePaddle中进行训练的，所以在预测的时候也需要把图像转换成张量，并且做与训练时一样的预处理。如下面的代码对图片进行灰度化，大小缩放到

28px × 28px。

```
def load_image(file):
    im = Image.open(file).convert('L')
    im = im.resize((28, 28), Image.ANTIALIAS)
    im = np.array(im).reshape(1, 1, 28, 28).astype(np.float32)
    im = im / 255.0 * 2.0 - 1.0
    return im
```

然后加载一幅图像，使用 exe.run() 函数进行预测，program 参数的值是上面复制的一个预测程序，feed 参数的字典中只有 key 为输入层，value 为刚刚加载的图像，fetch_list 参数的值是一个卷积神经网络模型最后的分类器，这样输出的就是一个分类结果。

```
img = load_image('image/infer_3.png')
results = exe.run(program=infer_program,
                  feed={image.name: img},
                  fetch_list=[model])
```

执行预测之后得到预测结果，这个预测结果是每个类别的概率，我们可以在这些预测结果中找出最大概率，最大概率对应的标签就是预测结果的标签。下面的代码对预测结果按从小到大的顺序排序，并转换成数组下标，最终输出概率最大的标签。

```
lab = np.argsort(results)[0][0][-1]
print('infer_3.png infer result: %d' % lab)
```

最终输出的预测结果为 3，这个预测结果对应的类别是数字为 3 的图像标签，所以我们的预测结果是数字 3，预测正确。

```
infer_3.png infer result: 3
```

4.3　本章小结

到这里，我们使用卷积神经网络成功实现了图像识别。通过本章的学习，我们又掌握了一种新的网络模型，卷积神经网络模型被广泛用于图像识别中。以后我们可以按照这个例子训练自己的图像分类模型，关于自定义图像识别我们将在第 11 章为大家介绍。第 5 章我们将会学习一种名为循环神经网络的网络模型，在自然语言处理中经常会使用循环神经网络模型以及变体，第 5 章中我们将会使用循环神经网络模型实现文本分类。

第5章 循环神经网络实战——电影评论数据集的情感分析

5.1 自然语言处理之循环神经网络模型

第 4 章我们使用卷积神经网络实现了图像识别，除了卷积神经网络，深度学习中的循环神经网络（Recurrent Neural Network，RNN）也是很常用的，循环神经网络经常被用来处理自然语言任务。在本章中，我们就来学习如何使用 PaddlePaddle 搭建一个循环神经网络模型，并使用该网络训练实现情感分析的模型。

5.2 PaddlePaddle搭建情感分析项目RNN模型

创建一个 text_classification.py 文件。首先导入 Python 库，数据集主要使用 IMDb 库，这是 PaddlePaddle 提供的一个数据集，这个数据集是一个英文的电影评论数据集，该数据集分为正面和负面两个类别。

```
import paddle
import paddle.dataset.imdb as imdb
```

```
import paddle.fluid as fluid
```

循环神经网络是一个能对序列数据进行精确建模的有力工具。自然语言是一种典型的序列数据（词序列）。近年来，循环神经网络及其变体（如长短期记忆网络等）在自然语言处理的多个领域，如语言模型、句法解析、语义角色标注（或一般的序列标注）、语义表示、图文生成、对话、机器翻译等，均表现优异，甚至是目前效果最好的方法之一。循环神经网络按时间展开后如图 5-1 所示：在第 n 时刻，网络读入第 n 个输入 x_n（向量表示）和前一时刻隐层的状态值 h_{n-1} 向量表示，h_0 一般初始化为零向量），计算得出本时刻隐层的状态值 h_n，重复这一步骤直至读完所有输入。

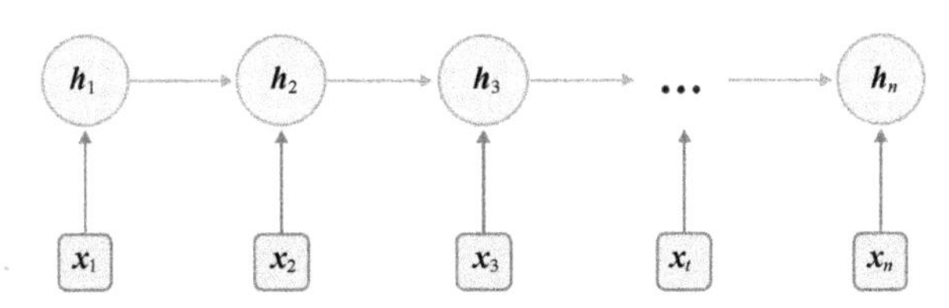

图5-1 循环神经网络按时间展开后

下面的代码实现了一个比较简单的循环神经网络模型。首先通过 fluid.embedding() 函数输入数据，该函数是将输入的英文单词或者中文字符转换成热编码（one-hot），这些热编码就是词向量。这些词向量是一个稀疏矩阵，所以 fluid.embedding() 函数中 is_sparse 参数要设置为 True。紧接着是一个全连接层，全连接层后面是 DynamicRNN，此处的 DynamicRNN 是 PaddlePaddle 定义循环神经网络的关键。DynamicRNN 可以处理一批序列数据，特点是每个输入的数据长度可以不同，如每条句子数据的长度可以不一样。在 DynamicRNN 里需要使用 step_input() 函数标记 DynamicRNN 的输入，如下文代码中把转换成词向量的句子作为 DynamicRNN 的输入。然后使用 run.memory() 函数创建一个分段记忆模块，指定的 shape 大小需要跟下面的隐层一样，最后会通过 run.update_memory() 函数把本分段记忆模块中的数据更新到下一个分段记忆模块的隐层。DynamicRNN 的输出需要通过 run.output() 函数来指定输出层，并通过 rnn() 函数获取 DynamicRNN 的输出结果，之后再经过 fluid.layers.sequence_last_step() 函数获取 DynamicRNN 的最后一个分段记忆。最后是一个分类器，分类大小为 2，激活函数为 softmax()，分类器会把我们输入的文本数据集分为两种类别。

```
def rnn_net(ipt, input_dim):
     emb = fluid.embedding(input=ipt, size=[input_dim, 128], is_sparse=True)
    sentence = fluid.layers.fc(input=emb, size=128, act='tanh')
    rnn = fluid.layers.DynamicRNN()
    with rnn.block():
        word = rnn.step_input(sentence)
        prev = rnn.memory(shape=[128])
        hidden = fluid.layers.fc(input=[word, prev], size=128, act='relu')
        rnn.update_memory(prev, hidden)
        rnn.output(hidden)
    last = fluid.layers.sequence_last_step(rnn())
    out = fluid.layers.fc(input=last, size=2, act='softmax')
    return out
```

然后就可以定义输入层了。输入层有两个，分别是文本的输入层和文本对应的分类标签的输入层。值得注意的是，文本数据属于序列数据，所以需要把 lod_level 参数设置为 1，当该参数不为 0 时，表示输入的数据为序列数据，lod_level 参数默认值是 0。

```
words = fluid.data(name='words', shape=[None, 1], dtype='int64', lod_level=1)
label = fluid.data(name='label', shape=[None, 1], dtype='int64')
```

接着读取数据集的字典，根据字典内容把数据集中的单词都转换为 ID，所以每个句子都是以一串整数来表示的。数据集中有一个数据集字典，字典的内容是训练数据集中每个单词的唯一 ID。创建一个循环神经网络模型需要获取字典的大小，因为循环神经网络模型的嵌入层需要使用数据集字典的大小。

```
print("加载数据集字典中...")
word_dict = imdb.word_dict()
dict_dim = len(word_dict)
model = rnn_net(words, dict_dim)
```

获取循环神经网络模型的输出之后，从主程序中复制一个程序用于之后训练结束时预测我们的数据，看是否能够正确分类文本。

```
infer_program = fluid.default_main_program().clone(for_test=True)
```

定义损失函数。因为本章的任务是一个分类任务，所以使用的损失函数也是交叉熵损失函数，可以使用 fluid.layers.cross_entropy() 函数定义交叉熵损失函数，关于交叉熵损失函数在第 4 章已经介绍过。也可以使用 fluid.layers.accuracy() 函数定义一个输出分类准确率的函数，方便在训练的时候输出分类准确率，观察循环神经网络模型收敛的情况。

```
cost = fluid.layers.cross_entropy(input=model, label=label)
avg_cost = fluid.layers.mean(cost)
acc = fluid.layers.accuracy(input=model, label=label)
```

在定义损失函数和准确率函数之后，我们从主程序中复制一个程序作为测试程序，在这个位置复制是为了能够在测试中输出损失值和准确率。

```
test_program = fluid.default_main_program().clone(for_test=True)
```

定义优化方法。第 4 章我们使用的是 Adam 优化方法，但是本章中训练的文本数据是稀疏数据，所以这里使用的是 AdaGrad 优化方法，AdaGrad 优化方法多用于处理稀疏数据。可以通过 learning_rate 参数设置学习率为 0.002。

```
optimizer = fluid.optimizer.AdagradOptimizer(learning_rate=0.002)
opt = optimizer.minimize(avg_cost)
```

创建一个执行器。这次的数据集比之前使用的数据集要大很多，而且本章的循环神经网络模型的计算量要比第 4 章的卷积神经网络模型大，所以使用 CPU 训练会比较慢，如果读者有 GPU，可以尝试使用 GPU 来训练。如果要使用 GPU 训练的话，需要安装 GPU 版本的 PaddlePaddle，而且还需要提前安装好 CUDA 10.0 和 cuDNN 7.0，或者其他支持的版本。同时在创建执行器的时候使用 fluid.CUDAPlace(0)。如果读者没有安装 GPU 版本的 PaddlePaddle，还是可以使用 CPU 进行训练，只是训练速度会非常慢。

```
place = fluid.CPUPlace()
# place = fluid.CUDAPlace(0)
exe = fluid.Executor(place)
```

```
    exe.run(fluid.default_startup_program())
```

获取 IMDb 数据集的训练集和测试集。数据加入训练，可以使用 paddle.reader.shuffle() 函数把指定大小的数据读取到内存中，这样在训练时可以直接在内存中获取训练数据，减少数据读取时间。读入缓存的数据大小可以根据硬件环境的内存大小来设置。

```
    print("加载训练数据中...")
    train_reader = paddle.batch(
          paddle.reader.shuffle(imdb.train(word_dict), 25000), batch_
size=128)
    print("加载测试数据中...")
    test_reader = paddle.batch(imdb.test(word_dict), batch_size=128)
```

定义输入数据的维度。IMDb 数据集是一个句子对应一个标签，第一维度是句子，第二维度是每个句子对应的标签。

```
    feeder = fluid.DataFeeder(place=place, feed_list=[words, label])
```

现在就可以开始训练了，这里设置训练的轮数是 1，读者可以根据实际情况设置更多的训练轮数，让循环神经网络模型完全收敛。观察损失值是不是稳定在一个值周围浮动变化，如果出现这种情况就说明循环神经网络模型已经基本收敛了。本次训练中，每 100 个批量输出一次训练日志。

```
    for pass_id in range(1):
        train_cost = 0
        for batch_id, data in enumerate(train_reader()):
            train_cost, train_acc = exe.run(program=fluid.default_main_
program(),
                                            feed=feeder.feed(data),
                                            fetch_list=[avg_cost, acc])
            if batch_id % 10 == 0:
                print('Pass:%d, Batch:%d, Cost:%0.5f, Accuracy:%0.5f' %
                      (pass_id, batch_id, train_cost[0], train_acc[0]))
```

在每次训练结束之后进行一次测试，测试中使用测试集进行预测并输出损失值和准确率，测试完成之后对之前预测的损失值和准确率求平均值。

```
test_costs = []
test_accs = []
for batch_id, data in enumerate(test_reader()):
    test_cost, test_acc = exe.run(program=test_program,
                                  feed=feeder.feed(data),
                                  fetch_list=[avg_cost, acc])
    test_costs.append(test_cost[0])
    test_accs.append(test_acc[0])
test_cost = (sum(test_costs) / len(test_costs))
test_acc = (sum(test_accs) / len(test_accs))
print('Test:%d, Cost:%0.5f, Accuracy:%0.5f' %
      (pass_id, test_cost, test_acc))
```

在训练中输出的日志如下。

```
Pass:0, Batch:0, Cost:0.69494, Accuracy:0.46875
Pass:0, Batch:100, Cost:0.60762, Accuracy:0.64844
Test:0, Cost:0.44432, Accuracy:0.80221
```

5.3　利用电影评论数据集对RNN模型进行验证

我们先定义 3 个句子，第 1 个句子是中性的，第 2 个句子偏向正面，第 3 个句子偏向负面。然后把这些句子读取到一个列表中，并通过 for 循环把每个句子的词拆分出来，用于之后把每个词转换成该词对应的 ID。

```
reviews_str = ['read the book forget the movie',
               'this is a great movie',
               'this is very bad']
reviews = [c.split() for c in reviews_str]
```

经过上面的转换，会把这 3 个句子拆分成如下的结果。

```
[['read', 'the', 'book', 'forget', 'the', 'movie'],
 ['this', 'is', 'a', 'great', 'movie'],
 ['this', 'is', 'very', 'bad']]
```

然后把句子转换成 ID。根据数据集字典，把句子中的词转换成对应 ID。定义了一个 <unk> 用于标记该数据集外的所有字符。

```
    UNK = word_dict['<unk>']
    lod = []
    for c in reviews:
        lod.append([np.int64(word_dict.get(words.encode('utf-8'), UNK)) for
words in c])
```

经过上面的转换，已经把每个词转换成其对应的 ID 了。3 个句子转换后会变成以下 3 个整型列表。

```
    [[325, 0, 276, 818, 0, 16],
     [9, 5, 2, 78, 16],
     [9, 5, 51, 81]]
```

获取输入数据的维度。利用这个维度，通过 PaddlePaddle 的 fluid.create_lod_tensor() 函数把转换后的 ID 再一次转换成 PaddlePaddle 要预测的张量数据。

```
    base_shape = [[len(c) for c in lod]]
    tensor_words = fluid.create_lod_tensor(lod, base_shape, place)
```

开始预测。使用的程序是复制的测试程序 infer_program。预测数据是通过键值对的方式传入程序中的，fetch_list 参数的值是循环神经网络模型的分类器。

```
    results = exe.run(program=infer_program,
                      feed={words.name: tensor_words},
                      fetch_list=[model])
```

最后输出预测结果。因为我们使用了 3 个句子进行预测，所以也会输出 3 个预测结果。每个预测结果是类别的概率。

```
    for i, r in enumerate(results[0]):
        print("\'%s\'的预测结果为：正面概率为：%0.5f，负面概率为：%0.5f" %
              (reviews_str[i], r[0], r[1]))
```

输出日志。如果句子是中性的，那么正负面的概率都基本在 0.5 左右；如果正面的概率大一些，那么就说明这个句子是正面的，否则这个句子是负面的。

```
    'read the book forget the movie'的预测结果为：正面概率为：0.53604，负面
概率为：0.46396
    'this is a great movie'的预测结果为：正面概率为：0.67564，负面概率为：0.32436
```

```
'this is very bad'的预测结果为：正面概率为：0.35406，负面概率为：0.64594
```

5.4　本章小结

本章我们成功使用循环神经网络模型实现了 IMDb 电影评论数据集的情感分析，最后循环神经网络模型可以准确地识别句子是否为正面的。希望读者学习完本章，可以对 PaddlePaddle 的使用有更深一步的认识。在第 6 章中，我们将使用 PaddlePaddle 实现一个生成对抗网络，生成对抗网络近两年非常火，也非常有趣。

第6章 生成对抗网络实战——增强数据集

6.1 生成对抗网络

本章我们来学习生成对抗网络（Generative Adversarial Networks，GAN）。在图像分类任务中，如果数据集的数量不够，就不足以让模型收敛，最直接的解决方法是增加数据集数量。但是收集数据并进行标注是非常消耗时间的，而最近非常火的生成对抗网络可以解决数据集不足。生成对抗网络是一种非监督学习的方式，通过让两个神经网络相互博弈进行学习。生成对抗网络由一个生成器和一个判别器组成，生成器在潜在的空间中随机采样作为输入，其输出需要尽量模仿训练集中的真实样本。所以生成对抗网络可以根据之前的图像数据集训练生成相似的图像，达到以假乱真的目的。2020年比较流行的风格迁移就是使用生成对抗网络实现的，风格迁移是把一幅图像的风格迁移到另一幅图片上，如我们把漫画的风格迁移到日常生活照片中，就可以把生活照片变得具有漫画风格。本章中，我们使用MNIST数据集，最终生成类似的图片。

6.2 GAN增强数据集实战——训练GAN模型

创建一个 GAN.py 文件。首先导入所需要的 Python 包，其中 Matplotlib 包是训练之后用于保存生成的图片的。

```
import matplotlib.pyplot as plt
import numpy as np
import paddle
import paddle.fluid as fluid
import os
```

6.2.1 创建生成器

生成对抗网络由生成器和判别器组成，下面的代码就创建了一个生成器。生成器根据输入的噪声数据生成图像，通过不断训练，生成器尽可能生成满足判别器条件的图像，从而使得生成器能够生成非常逼真的图像。生成器主要由两个全连接层、批量归一化（Batch Normalization，后文简称 BN）层、两组转置卷积运算组成，其中最主要的是生成器中使用了转置卷积，PaddlePaddle 提供的函数是 fluid.layers.conv2d_transpose()。转置卷积又称反卷积，常用于 CNN 中对特征图进行采样，转置卷积其实就是卷积的反向过程，把输入执行转置操作得到转置卷积输出。最后一层的转置卷积的卷积核数量是 1，所以输出是一个单通道的灰度图，这满足 MNIST 数据集通道数量的要求。如果输出是彩色图像，卷积核数量应该是 3。通过设置最后一层的转置卷积的 output_size 参数来设置输出图像的大小。

```
def Generator(y, name="G"):
    def deconv(x, num_filters, filter_size=5, stride=2, dilation=1,
padding=2, output_size=None, act=None):
        return fluid.layers.conv2d_transpose(input=x,
                                              num_filters=num_filters,
                                              output_size=output_size,
                                              filter_size=filter_size,
```

```
                                                   stride=stride,
                                                   dilation=dilation,
                                                   padding=padding,
                                                    act=act)

    with fluid.unique_name.guard(name + "/"):
        y = fluid.layers.fc(y, size=2048)
        y = fluid.layers.batch_norm(y)
        y = fluid.layers.fc(y, size=128 * 7 * 7)
        y = fluid.layers.batch_norm(y)
        y = fluid.layers.reshape(y, shape=(-1, 128, 7, 7))
        y = deconv(x=y, num_filters=128, act='relu', output_size=[14, 14])
        y = deconv(x=y, num_filters=1, act='tanh', output_size=[28, 28])
    return y
```

6.2.2　创建判别器

判别器的作用是训练区分真实的图像和生成的图像，可以将判别器理解为一个二分类任务。判别器类似于我们第 4 章使用过的一个分类模型。判别器在训练真实图像时，尽量让其输出概率为 1；而训练生成器生成的假图片时，尽量让其输出概率为 0。随着不断的训练，判别器能够过滤掉假图像，只有与真实图像非常类似的图像才能留下来。通过使用这个判别器不断给生成器压力，让其生成的图片尽量逼近真实图片，以至于真实到连判别器也无法识别这是真实图像还是假图片。以下判别器的最后的全连接层使用的激活函数是 Sigmoid。在二分类任务中，经常会使用 Sigmoid 来作为分类器的激活函数，全连接层的大小为 1。

```
def Discriminator(images, name="D"):
    def conv_pool(input, num_filters, act=None):
        return fluid.nets.simple_img_conv_pool(input=input,
                                               filter_size=5,
                                               num_filters=num_filters,
                                               pool_size=2,
                                               pool_stride=2,
                                               act=act)
    with fluid.unique_name.guard(name + "/"):
        y = fluid.layers.reshape(x=images, shape=[-1, 1, 28, 28])
```

```
        y = conv_pool(input=y, num_filters=64, act='leaky_relu')
        y = conv_pool(input=y, num_filters=128)
        y = fluid.layers.batch_norm(input=y, act='leaky_relu')
        y = fluid.layers.fc(input=y, size=1024)
        y = fluid.layers.batch_norm(input=y, act='leaky_relu')
        y = fluid.layers.fc(input=y, size=1, act='sigmoid')
    return y
```

定义 4 个程序和一个噪声维度，其中 3 个程序分别是使用判别器识别真实图像的程序、使用判别器识别生成器生成的假图像的程序和使用判别器识别生成器生成的真图像的程序，还有一个程序是用于初始化参数的。噪声维度的作用是作为生成器的输入，经过生成器生成图片。

```
train_d_fake = fluid.Program()
train_d_real = fluid.Program()
train_g = fluid.Program()
startup = fluid.Program()
z_dim = 100
```

获取程序中的独立参数，因为我们同时训练 3 个程序，所以训练生成器或训练判别器时，它们参数的更新不应该互相影响。即训练判别器识别真实图片时，在更新判别器参数时，不要更新生成器参数；更新生成器参数时，不要更新判别器参数。

```
def get_params(program, prefix):
    all_params = program.global_block().all_parameters()
    return [t.name for t in all_params if t.name.startswith(prefix)]
```

下面的程序定义了一个判别器以识别真实图片，这里判别器传入的数据是 MNIST 数据集的真实图片数据。使用 fill_constant_batch_size_like() 函数创建一个标签值为 1 的输入数据，判别器输入的是真实图像，使用的损失函数是 sigmoid_cross_entropy_with_logits()。这个损失函数在类别不相互独立的分类任务中，可以分别计算下面 3 个程序的损失而互不影响。在定义优化方法的时候，要指定需要更新的参数，在判别器识别真实图片的程序中只需更新判别器的参数，使用的优化方法是 Adam。

```
    with fluid.program_guard(train_d_real, startup):
        real_image = fluid.data('image', shape=[None, 1, 28, 28])
        ones = fluid.layers.fill_constant_batch_size_like(real_
image, shape=[-1, 1], dtype='float32', value=1)
        p_real = Discriminator(real_image)
        real_cost = fluid.layers.sigmoid_cross_entropy_with_logits(p_real, ones)
        real_avg_cost = fluid.layers.mean(real_cost)
        d_params = get_params(train_d_real, "D")
        optimizer = fluid.optimizer.AdamOptimizer(learning_rate=2e-4)
        optimizer.minimize(real_avg_cost, parameter_list=d_params)
```

下面的程序定义了一个判别器以识别生成器生成的假图片，这里使用噪声维度作为输入。这个程序中生成器输入的是噪声数据，然后生成图像数据，接着使用判别器对生成的图像数据进行识别，通过使用 fill_constant_batch_size_like() 函数标记输入的标签为 0，这样的输入能够使判别器识别真实图像和生成的假图像。使用的损失函数同样是 sigmoid_cross_entropy_with_logits()。这里更新的参数还是判别器的参数，不要更新生成器的参数，否则生成器不能正常收敛生成符合真实的图像，优化方法还是 Adam。

```
    with fluid.program_guard(train_d_fake, startup):
        z = fluid.data(name='z', shape=[None, z_dim])
        zeros = fluid.layers.fill_constant_batch_size_like(z, shape=[-1, 1],
dtype='float32', value=0)
        p_fake = Discriminator(Generator(z))
        fake_cost = fluid.layers.sigmoid_cross_entropy_with_logits(p_
fake, zeros)
        fake_avg_cost = fluid.layers.mean(fake_cost)
        d_params = get_params(train_d_fake, "D")
        optimizer = fluid.optimizer.AdamOptimizer(learning_rate=2e-4)
        optimizer.minimize(fake_avg_cost, parameter_list=d_params)
```

最后定义一个训练生成器生成真实图像的模型。这个程序与上一个程序最大的不同就是输入的标签是 1，也就是判别器训练真实图像的输入标签是 1。在定义生成器之后，从主程序中复制一个预测程序，用于之后在训练结束的时候输出生成的图片。这里更新的参数是生成器的参数。在判别器参数不变的情况下，只更新生成器的参数，使得生成器生成判别器能够识别的真实图像。

```
    with fluid.program_guard(train_g, startup):
        z = fluid.data(name='z', shape=[None, z_dim])
        ones = fluid.layers.fill_constant_batch_size_like(z, shape=[-1, 1],
dtype='float32', value=1)
        fake = Generator(z)
        infer_program = train_g.clone(for_test=True)
        p = Discriminator(fake)
        g_cost = fluid.layers.sigmoid_cross_entropy_with_logits(p, ones)
        g_avg_cost = fluid.layers.mean(g_cost)
        g_params = get_params(train_g, "G")
        optimizer = fluid.optimizer.AdamOptimizer(learning_rate=2e-4)
        optimizer.minimize(g_avg_cost, parameter_list=g_params)
```

定义一个 z_reader() 函数，通过这个函数生成噪声数据，作为生成器的输入数据。

```
    def z_reader():
        while True:
            yield np.random.uniform(-1.0, 1.0, (z_dim)).astype('float32')
```

本项目要生成的是 MNIST 数据集图像，所以定义一个函数从 MNIST 数据集中获取图像，这里去除了 MNIST 数据集中的标签数据，因为我们需要把全部的 MNIST 数据集图像的标签设置为 1。

```
    def mnist_reader(reader):
        def r():
            for img, label in reader():
                yield img.reshape(1, 28, 28)

        return r
```

使用上面两个函数，通过 paddle.batch() 函数生成训练所需的数据阅读器，将真实数据和噪声数据分别生成一个数据阅读器。

```
    mnist_generator = paddle.batch(mnist_reader(paddle.dataset.mnist.
train()), batch_size=128)
    z_generator = paddle.batch(z_reader, batch_size=128)()
```

定义一个保存图像的函数，把训练结束时使用生成器生成的数据转换成图片。

```
def save_image_grid(images):
    if not os.path.exists('image'):
        os.makedirs('image')
    for i, image in enumerate(images[:64]):
        image = image[0]
        plt.imsave("image/test_%d.png" % i, image, cmap='Greys_r')
```

创建一个执行器，默认使用 GPU 进行训练。因为这里使用了生成器和判别器，所以需要训练的参数比较多，使用 CPU 训练速度会非常慢。如果读者没有 GPU，只要取消 place = fluid.CPUPlace() 这行代码的注释，并注释 place = fluid.CUDAPlace(0) 这行代码，即可使用 CPU 进行训练。训练时需要使用噪声数据作为生成器的输入，这里对 z_generator() 函数又使用了 next() 函数，next() 函数的作用是返回迭代器的下一批数据，在训练过程中不断获取噪声数据。

```
# place = fluid.CPUPlace()
place = fluid.CUDAPlace(0)
exe = fluid.Executor(place)
exe.run(startup)
test_z = np.array(next(z_generator))
```

开始训练。这里同时训练了 3 个程序，分别是训练判别器 D 识别生成器 G 生成的假图片的程序、训练判别器 D 识别真实图片的程序、训练生成器 G 生成符合判别器 D 标准的假图片的程序。通过不断更新判别器的参数，使得判别器的识别能力越来越强；不断更新生成器的参数，使得生成器生成的图像越来越逼近真实图像。

```
for pass_id in range(20):
    for i, real_image in enumerate(mnist_generator()):
        r_fake = exe.run(program=train_d_fake,
                         fetch_list=[fake_avg_cost],
                         feed={z.name: test_z})
        r_real = exe.run(program=train_d_real,
                         fetch_list=[real_avg_cost],
                         feed={real_image.name: np.array(real_image)})
        r_g = exe.run(program=train_g,
```

```
                    fetch_list=[g_avg_cost],
                    feed={z.name: test_z})
        if i % 100 == 0:
            print("Pass: %d, Batch: %d, 训练判别器D识别真实图片Cost: %0.5f, "
                  "训练判别器D识别生成器G生成的假图片Cost: %0.5f, "
                  "训练生成器G生成符合判别器D标准的假图片Cost: %0.5f" %
                  (pass_id, i, r_fake[0], r_real[0], r_g[0]))
```

在每一轮训练结束后，进行一次预测，使用的程序是我们复制的 infer_program 预测程序，输入数据是噪声数据。然后调用上面定义的 save_image_grid() 函数把预测生成的图像保存到本地。

```
r_i = exe.run(program=infer_program,
              fetch_list=[fake],
              feed={z.name: test_z})
save_image_grid(r_i[0])
```

图 6-1 所示的就是通过生成对抗网络模型生成的图像，生成的图像与 MNIST 数据集中的图像非常相似。

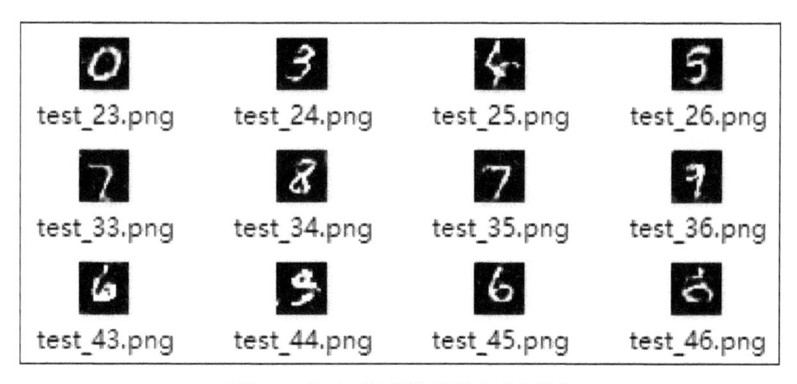

图6-1 生成对抗网络模型生成的图像

6.3 本章小结

通过学习本章，读者是不是觉得生成对抗网络非常神奇呢？读者可以参考本章的代码，尝试训练其他的图像数据，通过生成对抗网络生成更多有趣的图像数据集。

通过本章的学习，读者可以了解到深度学习的强大，但深度学习的内容远远不止这些，在第 7 章，我们将使用深度学习中的强化学习玩一个小游戏，并学习如何使用 PaddlePaddle 搭建一个强化学习模型。

第 7 章

强化学习实战——在游戏反馈中变得更聪明

7.1 强化学习简介

本章介绍使用 PaddlePaddle 实现强化学习。强化学习是深度学习的一个重要分支，强化学习可以通过接收环境的信息（如当前计算机的状态）来自动执行决策，并根据决策结果获得相应的奖励或者惩罚，完成自我学习的任务。强化学习不同于监督学习，监督学习是通过对数据集进行标注，通过模型对数据集进行训练来学习的，如同有位导师在告诉你哪些事是正确的，哪些事是错误的。强化学习前期通过随机操作得到机器的反馈，如惩罚或奖励，以此来改变自己的决策，最终得到一个最优的策略。本章通过小游戏 Gym 来学习强化学习。

7.2 项目测试游戏Gym的简介

Gym 是一个开源的小游戏，它包括多个小游戏，非常适合在学习强化学习时使用。Gym 中的小游戏每执行一步都会输出 4 个反馈数据：当前的状态（state）、奖励（reward）、是否结束小游戏（done）以及小游戏输出的其他用于调试的信息（information）。用户可以根据这些反馈数据执行 env.step(action) 函数让小游戏进行下一步动作，其中 action 参数是小游戏的动作，执行下一步动作时又会得到上面的 4 个反馈数据。

本章使用的是 Gym 中的 CartPole 小游戏，这个小游戏的规则是通过控制小车的左右移动，不让竖着的杆子掉下来，图 7-1 所示为 CartPole 小游戏的截图。下面简单介绍 CartPole 小游戏的 3 个重要参数。

- state：游戏的状态，数据格式为[车位置，车速度，杆角度，杆速度]，如[0.03，0.89，-0.08，-1.43]。
- action：对小游戏执行的动作，有两个动作，0表示向左，1表示向右。
- reward：小游戏给出的奖励，每成功走一步得1分。

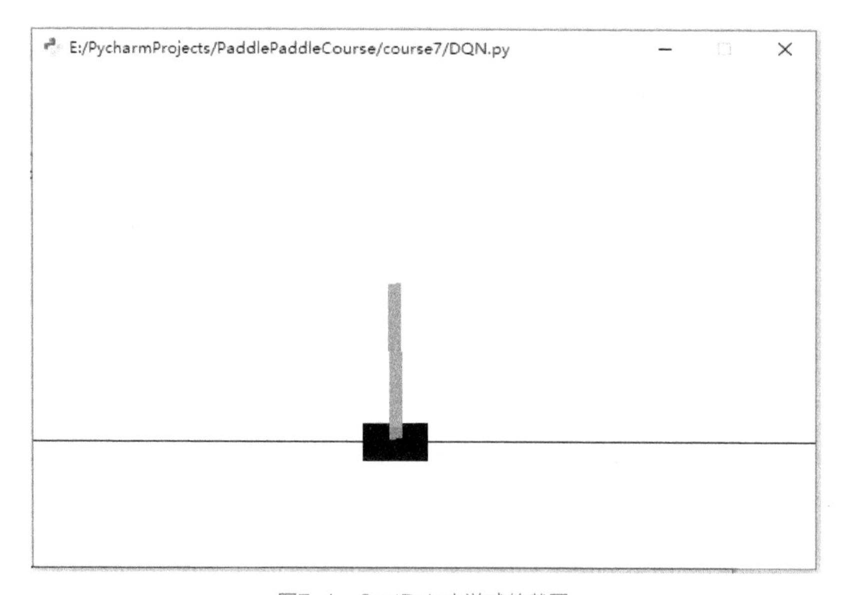

图7-1　CartPole小游戏的截图

安装 Gym 也非常简单，一条命令就可以完成安装。

```
pip3 install gym
```

7.3 训练DQN模型——让DQN模型在游戏中不断学习并获得高分

创建一个 Python 源文件 DQN.py，在文件中需要建立一个深度 Q 网络（DQN）强化学习模型。首先导入项目所需的依赖库，gym 是游戏的库。

```
import numpy as np
import paddle.fluid as fluid
import random
import gym
from collections import deque
from paddle.fluid.param_attr import ParamAttr
```

本章使用的强化学习模型为 DQN 模型，DQN 模型是将 Q-learning 和神经网络（Neural Network，NN）结合在一起的模型。DQN 使用了两个 Q 网络：策略（Policy）网络用来选择动作、更新 DQN 模型参数；目标（Target）网络用来计算每一个选择动作的奖励，目标网络参数不需要及时更新，而是每隔一段时间从策略网络中复制过来。两个 Q 网络的结构必须是一模一样的，因为网络结构一致才能复制网络参数。

定义一个简单的网络作为 DQN 模型的神经网络，这个网络由 3 个全连接层组成，并为每个全连接层指定参数名称。指定参数名称是为了之后更新 DQN 模型参数，然后通过这个神经网络创建策略网络和目标网络。

```
def DQNetWork(ipt, variable_field):
    fc1 = fluid.layers.fc(input=ipt,
                          size=24,
                          act='relu',
                          param_attr=ParamAttr(name='{}_fc1'.format
(variable_field)),
                          bias_attr=ParamAttr(name='{}_fc1_b'.format
(variable_field)))
    fc2 = fluid.layers.fc(input=fc1,
                          size=24,
                          act='relu',
```

```
                                    param_attr=ParamAttr(name='{}_fc2'.format
(variable_field)),
                                    bias_attr=ParamAttr(name='{}_fc2_b'.format
 (variable_field)))
         out = fluid.layers.fc(input=fc2,
                                    size=2,
                                    param_attr=ParamAttr(name='{}_fc3'.format
(variable_field)),
                                    bias_attr=ParamAttr(name='{}_fc3_b'.format
(variable_field)))
         return out
```

前面所学的模型几乎只有两个输入层，但是本章的 DQN 模型有 5 个输入层。state_data 是 Gym 游戏的当前状态，action_data 是随机执行或者是执行 DQN 模型预测的一个对游戏的动作，reward_data 是执行对游戏的动作后得到的奖励，next_state_data 是执行动作后下一步出现的游戏状态，done_data 记录当前游戏是否结束。

```
    # 定义输入数据
    state_data = fluid.data(name='state', shape=[None, 4], dtype='float32')
    action_data = fluid.data(name='action', shape=[None, 1], dtype='int64')
    reward_data = fluid.data(name='reward', shape=[None], dtype='float32')
    next_state_data = fluid.data(name='next_state', shape=[None, 4], dtype='float32')
    done_data = fluid.data(name='done', shape=[None], dtype='float32')
```

使用 gym 库创建一个游戏，通过 gym.make() 函数可以指定创建不同类型的游戏，通过指定游戏的名称“CartPole-v1”就可以获取 CartPole 小游戏。也可以指定其他的名称创建其他更多的游戏，如 MountainCar-v0、MsPacman-v0、Hopper-v1 等。

```
    env = gym.make("CartPole-v1")
```

获取策略网络模型，指定参数名称内包括 policy 字符串，并在这里从主程序中复制一个预测程序。策略网络模型输入的数据是当前的游戏状态，然后预测游戏的下一个动作，也就是策略网络模型控制着游戏。

```
    policyQ = DQNetWork(state_data, 'policy')
    predict_program = fluid.default_main_program().clone()
```

这里使用平方差损失函数。强化学习和我们之前学习的图像分类或者文本分类这些监督学习不一样，强化学习的数据中没有标注标签的数据。平方差损失函数的输入数据是策略网络模型的预测结果，标签数据是目标网络模型输出的结果与 Gym 小游戏给出的奖励经计算得到的奖励。这样计算损失值，网络模型会向获得更多奖励的方向学习。要注意的是，目标网络不需要及时更新参数，所以必须把 best-v.stop_gradient 的值设置为 True。

```
    action_onehot = fluid.layers.one_hot(action_data, 2)
    action_value = fluid.layers.elementwise_mul(action_onehot, policyQ)
    pred_action_value = fluid.layers.reduce_sum(action_value, dim=1)

    targetQ = DQNetWork(next_state_data, 'target')
    best_v = fluid.layers.reduce_max(targetQ, dim=1)
    # 停止梯度更新
    best_v.stop_gradient = True
    gamma = 1.0
    target = reward_data + gamma * best_v * (1.0 - done_data)

    cost = fluid.layers.square_error_cost(pred_action_value, target)
    avg_cost = fluid.layers.reduce_mean(cost)
```

定义一个更新参数的函数。在前面介绍 DQN 时，提到目标网络不需要及时更新参数，只需要每隔一段时间把策略网络的参数复制到目标网络中即可。_build_sync_target_network() 函数实现了把策略网络的参数复制到目标网络中，它通过指定 DQN 模型参数名称，即可把策略网络的参数复制到目标网络中。编写一个更新参数的程序，之后在训练时，通过执行器调用 exe.run() 函数并指定程序参数为 _sync_program 即可完成参数复制。

```
    def _build_sync_target_network():
        # 获取所有的参数
        vars = list(fluid.default_main_program().list_vars())
        policy_vars = list(filter(lambda x: 'GRAD' not in x.name and 'policy' in x.
name, vars))
```

```
        target_vars = list(filter(lambda x: 'GRAD' not in x.name and 'target' in x.
name, vars))
        policy_vars.sort(key=lambda x: x.name)
        target_vars.sort(key=lambda x: x.name)
        sync_program = fluid.default_main_program().clone()
        with fluid.program_guard(sync_program):
            sync_ops = []
            for i, var in enumerate(policy_vars):
                sync_op = fluid.layers.assign(policy_vars[i], target_vars[i])
                sync_ops.append(sync_op)
        sync_program = sync_program._prune(sync_ops)
        return sync_program

    # 获取更新参数的程序
    _sync_program = _build_sync_target_network()

    # 获取更新参数的程序
    _sync_program = _build_sync_target_network()
```

这里还是使用 Adam 优化方法，指定学习率为 1e-3。还指定了 epsilon 参数，是为了防止优化方法中除零的问题出现，这个参数的值可以很小。

```
    optimizer = fluid.optimizer.AdamOptimizer(learning_rate=1e-3,
                                              epsilon=1e-3)
    opt = optimizer.minimize(avg_cost)
```

开始创建执行器，使用 CPU 进行训练。同时定义了训练时所需要的变量，如定义贪心算法策略使用的 initial_epsilon、final_epsilon 等变量。还创建了一个队列 replay_buffer，指定队列的大小为 10 000，队列是用于存放训练数据的，当添加的数据大于 10 000 时，队列就会把之前的数据删除。

```
    # 创建执行器并进行初始化
    place = fluid.CPUPlace()
    exe = fluid.Executor(place)
    exe.run(fluid.default_startup_program())

    # 定义训练的变量
    batch_size = 32
    num_episodes = 300
    num_exploration_episodes = 100
```

```
    max_len_episode = 1000
    initial_epsilon = 1.0
    final_epsilon = 0.01
    epsilon = initial_epsilon
    update_num = 0
    replay_buffer = deque(maxlen=10000)
```

下面就开始训练这个 DQN 模型。由于 DQN 模型是一个大循环，因此我们将其拆分介绍，在每一局游戏开始之前需要执行 env.reset() 函数重置游戏的状态，并获取贪心算法策略的值，这个值用于之后选择到底是随机生成动作还是使用预测的动作。

```
    # 开始玩游戏
    for epsilon_id in range(num_episodes):
        # 初始化环境，获得初始状态
        state = env.reset()
        # 定义贪心算法策略
          epsilon = max(initial_epsilon * (num_exploration_
episodes - epsilon_id) / num_exploration_episodes, final_epsilon)
```

接下来开始操作游戏。如果想在程序运行过程中显示游戏的界面，可以执行 env.render() 函数，这个函数可以把游戏的每一次操作的界面显示出来。下面就使用贪心算法策略来选择到底是使用随机生成的动作来操作游戏，还是使用预测程序输出的动作来操作游戏。随着训练的不断进行，使用随机生成操作游戏的动作会越来越少，慢慢偏向于使用预测程序生成的动作。操作 CartPole 小游戏只需要调用 env.step() 函数，操作的动作通过 action 参数指定，这个参数的值在介绍 CartPole 小游戏时有说明，action 有两个值，0 表示向左，1 表示向右。

每一次执行游戏动作之后，都需要把数据记录下来并存放在 replay_buffer 队列中用于训练 DQN 模型，DQN 模型会学习这些数据，找到最优的动作。每次游戏结束时，都会有一个额外的惩罚，由此告诉模型当前动作是失败的。

```
    for t in range(max_len_episode):
            env.render()
```

```
            state = np.expand_dims(state, axis=0)
            if random.random() < epsilon:
                action = env.action_space.sample()
            else:
                action = exe.run(predict_program,
                                 feed={'state': state.astype('float32')},
                                 fetch_list=[policyQ])[0]
                action = np.squeeze(action, axis=0)
                action = np.argmax(action)
            next_state, reward, done, info = env.step(action)

            reward = -10 if done else reward
            replay_buffer.append((state, action, reward, next_state, done))
            state = next_state

            if done:
               print('Pass:%d, epsilon:%f, score:%d' % (epsilon_id,
epsilon, t))
                break
```

上面是在不断收集训练数据，下面就开始训练 DQN 模型。当保存的训练数据大于等于一个批量时就开始训练，训练前首先把收集的训练数据按照批量的大小 batch_size 来打包，然后使用执行器调用 exe.run() 函数进行训练。训练的是主程序，训练数据由 feed 参数指定，feed 参数的输入为字典类型，字典的 key 为输入层的名称，value 为打包好的训练数据。因为对输入的数据格式有要求，所以对一些训练数据要调整数据的形状。

在训练过程中，我们每隔一段时间就要更新目标网络的参数，这里我们设置每训练 200 轮进行一次参数更新，更新参数需要 exe.run() 函数执行，program 参数值为定义的更新参数的程序，这样就实现了每隔一段时间把策略网络参数复制到目标网络中。

```
            if len(replay_buffer) >= batch_size:
                batch_state, batch_action, batch_reward, batch_next_state, \
                batch_done = [np.array(a, np.float32) for a in
                              zip(*random.sample(replay_buffer, batch_size))]
                batch_action = np.expand_dims(batch_action, axis=-1)
```

```
                batch_state = np.squeeze(batch_state, axis=1)

                exe.run(program=fluid.default_main_program(),
                        feed={'state': batch_state,
                              'action': batch_action.astype('int64'),
                              'reward': batch_reward,
                              'next_state': batch_next_state,
                              'done': batch_done})

                if update_num % 200 == 0:
                    exe.run(program=_sync_program)
                update_num += 1
    env.close()
```

以下为训练过程的输出日志。其中 epsilon 为贪心算法策略输出的值，相当于随机生成动作操作游戏的概率。score 为游戏的得分，随着训练的不断继续，游戏得分也在不断升高，最高分为 499。因为游戏最多也只会进行 500 局，得分从 0 开始计算，所以 499 就是该游戏的最高分。

```
    ......
    Pass:215, epsilon:0.010000, score:234
    Pass:216, epsilon:0.010000, score:251
    Pass:217, epsilon:0.010000, score:365
    Pass:218, epsilon:0.010000, score:373
    Pass:219, epsilon:0.010000, score:499
    Pass:220, epsilon:0.010000, score:499
    Pass:221, epsilon:0.010000, score:499
    Pass:222, epsilon:0.010000, score:499
    Pass:223, epsilon:0.010000, score:499
    ......
```

7.4 本章小结

有些学者认为强化学习是人工智能的未来，因为强化学习与人的行为更加类似，即通过接收环境信息进行自我学习，从而学会某项技能。虽然强化学习模型还没有像图像识别模型这样应用广泛，但是也不能忽略强化学习的应用领域，有不少的机器人或者机器臂都使用强化学习，越来越多使用高科技的机械出现在我们的生活中，如一些义肢使用人工智能技术，能够更好地辅助残障人士。关于使用 PaddlePaddle 搭建强化学习模型的介绍就到这里。强化学习虽难度较大，但非常有趣，有兴趣的读者可以使用 PaddlePaddle 实现更多的实例。

第 8 章

PaddlePaddle模型的保存与使用

8.1 深度学习模型的保存与使用

本书前几章中，在预测部分我们都是直接在主程序中复制一个预测程序进行预测的，这样是为了方便读者在训练的时候，可以快速进行预测看到训练效果。但是这种没有保存模型的训练，训练之后预测也就结束了，之后要预测的话就得重新训练。为了方便后续随时进行预测，我们需要在训练过程中保存模型。本章就介绍如何在训练过程中保存模型，用于之后预测或者恢复训练，又或者作为其他数据集的预训练模型。本章将会介绍 3 种保存模型和使用模型的方式。

8.2 训练模型

我们以图像分类作为本章实例，训练过程并不需要改动。在训练过程中我们可以随时使用 save_params()、save_persistables() 以及 save_inference_model() 这 3 个函数保存模型。在训练开始之前可以使用 load_params()、load_persistables() 函数加载之前保存的模型，在预测中可以使用 load_inference_model() 函数加载已经保存的预测函数用于预测数据。为了介绍这 3 个保存模型的方式，我们编写了 3 个 Python 程序，分别是 save_infer_model.py、save_use_params_model.py、save_use_persistables_model.py。

这 3 个程序的前面部分都是一致的，我们就一起介绍，首先是导入相关的依赖库。

```
import os
import shutil
import paddle as paddle
import paddle.dataset.cifar as cifar
import paddle.fluid as fluid
```

VGG 模型是 AlexNet 模型之后的一个非常有名的模型，它在 ImageNet 数据集上把错误率降到了 7.3% 的新高度。该模型比以往模型进一步加宽和加深了网络结构，它的核心是 5 组卷积操作，每两组之间做 Max-Pooling 空间降维。同一组内采用多次连续的 3×3 卷积，卷积核的数目由开始的 64 增加到 512，同一组内的卷积核数目是一样的。卷积层之后接两层全连接层，最后是一个带 Softmax 激活函数的分类层。由于每组内卷积层数目的不同，因此有 11、13、16、19 层这几种模型，图 8-1 展示了 16 层的 VGG 模型。

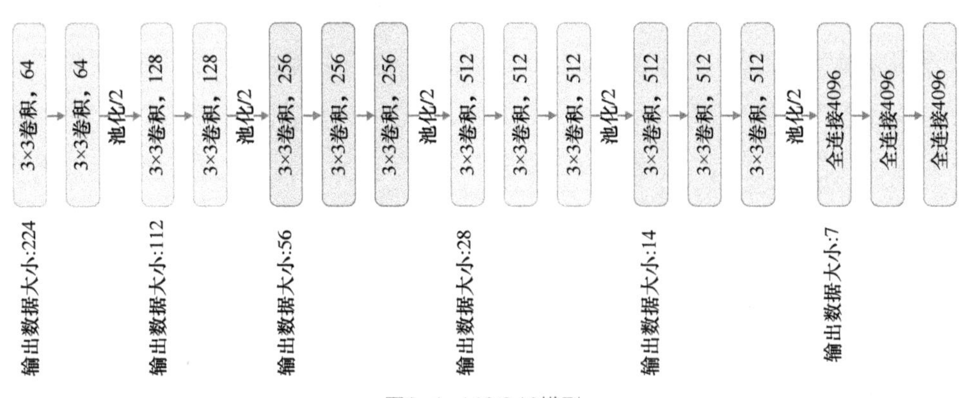

图8-1　VGG16模型

VGG 模型结构相对简洁，提出之后也有很多学者基于此模型进行研究，如常见的目标检测模型 SSD，SSD 模型的图像特征提取就利用了 VGG 模型。本章使用的

VGG 模型不是原论文中的 VGG 神经模型。CIFAR-10 数据集是一个包含了 10 个类别数量的图像数据集，图像为 32px × 32px 的正方形彩色图，由于 CIFAR-10 图片的大小和数量比 ImageNet 数据集中的图像小很多，因此这里的 VGG 模型针对 CIFAR-10 的图像做了一定的适配，卷积部分引入了 BN 层和随机丢弃（Dropout）操作。在 PaddlePaddle 中，通过 fluid.layers.batch_norm() 函数创建一个 BN 层。使用 BN 层到底有什么好处呢？在没有使用 BN 层之前，VGG 模型通常会有以下这些问题。

- 参数的更新使得每层的输入输出分布发生变化，称作内部协变量偏移（Internal Covariate Shift,ICS）。
- 模型的各层输出都经过了该层的处理，所以各层的输入信号分布是不同的，且差异会随着网络深度增大而增大。
- 需要更小的学习率和较好的参数进行初始化。

加入了 BN 层之后，对 VGG 模型的好处有以下几项。

- 可以使用较大的学习率。
- 可以减少对参数初始化的依赖。
- 可以抑制梯度的弥散（梯度的弥散指由于网络模型深度的增加，神经元的权重更新非常缓慢，不能有效学习）。
- 可以起到正则化的作用。
- 可以加快VGG模型收敛速度。

随机丢弃操作是随机丢弃一些神经元，使得网络变得稀疏，从而在一定程度上可以起到正则化的效果，防止过拟合。下面的代码实现了本章使用的一个 16 层的 VGG 模型（VGG16 模型）。

```
# 定义VGG16模型
def vgg16(input, class_dim=1000):
    def conv_block(conv, num_filter, groups):
        for i in range(groups):
            conv = fluid.layers.conv2d(input=conv,
                                       num_filters=num_filter,
                                       filter_size=3,
                                       stride=1,
                                       padding=1,
```

```
                                        act='relu')
            return fluid.layers.pool2d(input=conv, pool_size=2, pool_
type='max', pool_stride=2)
        conv1 = conv_block(input, 64, 2)
        conv2 = conv_block(conv1, 128, 2)
        conv3 = conv_block(conv2, 256, 3)
        conv4 = conv_block(conv3, 512, 3)
        conv5 = conv_block(conv4, 512, 3)
        fc1 = fluid.layers.fc(input=conv5, size=512)
        dp1 = fluid.layers.dropout(x=fc1, dropout_prob=0.5)
        fc2 = fluid.layers.fc(input=dp1, size=512)
        bn1 = fluid.layers.batch_norm(input=fc2, act='relu')
        fc2 = fluid.layers.dropout(x=bn1, dropout_prob=0.5)
        out = fluid.layers.fc(input=fc2, size=class_dim, act='softmax')
        return out
```

定义输出层。这里使用的数据集是 CIFAR 数据集，这个数据集的图片是 32px × 32px 的 3 通道彩色图，这个数据集是常用于强化学习的一个图像数据集。CIFAR 数据集包括了飞机、汽车等 10 个类别的 60 000 个彩色图像，每个类别有 6 000 个图像，其中有 50 000 个训练图像和 10 000 个测试图像，数据集总大小为 170.5MB，如图 8-2 所示。

图8-2　CIFAR数据集

因为图像的大小为 32px×32px，并且是 3 通道的彩色图，所以这里定义的图片输入层的形状是 [None，3，32，32]。并获取一个分类为 10 的 VGG16 模型。

```
# 定义输入层
image = fluid.data(name='image', shape=[None, 3, 32, 32], dtype='float32')
label = fluid.data(name='label', shape=[None, 1], dtype='int64')

# 获取分类器
model = vgg16(image, 10)
```

获取交叉熵损失函数和平均准确率。通过指定 fluid.layers.accuracy() 函数的参数 k 为 1 获取 Top1 的准确率[①]。接着获取测试程序，用于之后的测试。定义优化方法，Momentum 优化方法在随机梯度下降优化方法基础上引入了动量，减少了随机梯度下降过程中存在的噪声。

```
# 获取损失函数和平均准确率
cost = fluid.layers.cross_entropy(input=model, label=label)
avg_cost = fluid.layers.mean(cost)
acc = fluid.layers.accuracy(input=model, label=label, k=1)
# 获取测试程序
test_program = fluid.default_main_program().clone(for_test=True)
# 定义优化方法
optimizer = fluid.optimizer.MomentumOptimizer(learning_rate=1e-3,
                                              momentum=0.9)
opts = optimizer.minimize(avg_cost)
```

使用 cifar.train10() 函数获取 PaddlePaddle 内置的 CIFAR 数据集。PaddlePaddle 提供了两种 CIFAR 数据集，一种是 100 个类别的，另一种是 10 个类别的，这里使用的是 10 个类别的。

```
# 获取CIFAR数据集
train_reader = paddle.batch(cifar.train10(), batch_size=32)
test_reader = paddle.batch(cifar.test10(), batch_size=32)
```

创建执行器。因为我们使用的 VGG16 模型是一个比较大的模型，而且图片也比之前的灰度图要大很多（之前的 MNIST 数据集的每幅图像大小为 784px×784px，而现在 CIFAR 数据集每幅图像的大小为 3072px×3072px），所以如果继续使用 CPU

① Top1 的准确率：模型预测的标签概率值最大且正确的准确率。

训练，训练速度是非常慢的。如果读者已经安装了 GPU 版本的 PaddlePaddle，并且已经成功安装了对应版本的 CUDA 和 cuDNN，那么最好使用 GPU 进行训练。

```
# 创建一个使用GPU的执行器
place = fluid.CUDAPlace(0)
# place = fluid.CPUPlace()
exe = fluid.Executor(place)
# 进行参数初始化
exe.run(fluid.default_startup_program())
```

8.3　加载训练模型

创建执行器之后，可以使用之前在训练过程中保存的模型恢复训练中模型的各个变量（Variable）。这里需要介绍一下 PaddlePaddle 中的变量。在 PaddlePaddle 中，算子（Operator）的每一个输入和输出都是一个变量，而参数（Parameter）和持久化变量（Persistables）都是变量的子类。持久化变量是一种在每次迭代结束后均不会被删除的变量。参数是一种持久化变量，其在每次迭代后都会被优化方法更新。训练神经网络模型本质上就是在更新参数。使用 fluid.io.save_persistables() 函数可以将指定程序中的全部持久化变量过滤出来，并将它们保存到参数 dirname 指定的文件夹或参数 filename 指定的文件中。使用 fluid.io.save_params() 函数可以将指定程序中的全部参数过滤出来，并将它们保存到参数 dirname 指定的文件夹或参数 filename 指定的文件中。下面就介绍这两种变量对应的加载训练模型的方法。

在 save_use_persistables_model.py 文件中，加载的是持久化变量模型，对应的保存函数是 fluid.io.save_persistables()。使用这些持久化变量初始化当前模型参数，这样就可以恢复当初的训练状态了。加载持久化变量模型的方法如下。

```
# 加载之前训练过的持久化变量模型
save_path = 'models/persistables_model/'
if os.path.exists(save_path):
    print('使用持久化变量模型作为预训练模型')
    fluid.io.load_persistables(executor=exe, dirname=save_path)
```

在 save_use_params_model.py 文件中，加载的是之前训练保存的参数模型，对应的保存函数是 fluid.io.save_params()。使用参数初始化模型参数恢复当初的训练状态。要注意的是，参数要比持久化变量少一些非模型的变量，如学习率的变量。所以在恢复训练状态的时候，需要考虑是否要对学习率进行手动调整。加载参数模型的方法如下。

```
# 加载之前训练过的参数模型
save_path = 'models/params_model/'
if os.path.exists(save_path):
    print('使用参数模型作为预训练模型')
    fluid.io.load_params(executor=exe, dirname=save_path)
```

最后就和平时训练一样，使用执行器进行训练。每一轮训练结束之后，执行一次预测，代码如下。

```
# 定义输入数据维度
feeder = fluid.DataFeeder(place=place, feed_list=[image, label])
# 开始训练和测试
for pass_id in range(10):
    # 进行训练
    for batch_id, data in enumerate(train_reader()):
        train_cost, train_acc = exe.run(program=fluid.default_main_program(),
                                        feed=feeder.feed(data),
                                       fetch_list=[avg_cost, acc])
        # 每100个批量输出一次日志
        if batch_id % 100 == 0:
            print('Pass:%d, Batch:%d, Cost:%0.5f, Accuracy:%0.5f' %
                  (pass_id, batch_id, train_cost[0], train_acc[0]))
    # 进行测试
    test_accs = []
    test_costs = []
    for batch_id, data in enumerate(test_reader()):
        test_cost, test_acc = exe.run(program=test_program,
                                      feed=feeder.feed(data),
                                      fetch_list=[avg_cost, acc])
        test_accs.append(test_acc[0])
        test_costs.append(test_cost[0])
    # 求测试结果的平均值
    test_cost = (sum(test_costs) / len(test_costs))
```

```
    test_acc = (sum(test_accs) / len(test_accs))
    print('Test:%d, Cost:%0.5f, Accuracy:%0.5f' % (pass_id, test_cost, test_acc))
```

从训练输出的日志来看，模型之前还没有收敛过，所以开始训练时识别准确率很低，然后慢慢提升，模型才开始收敛。

```
Pass:0, Batch:0, Cost:2.73460, Accuracy:0.03125
Pass:0, Batch:100, Cost:1.93663, Accuracy:0.25000
Pass:0, Batch:200, Cost:2.02943, Accuracy:0.12500
Pass:0, Batch:300, Cost:1.94425, Accuracy:0.25000
Pass:0, Batch:400, Cost:1.87802, Accuracy:0.21875
Pass:0, Batch:500, Cost:1.71312, Accuracy:0.25000
Pass:0, Batch:600, Cost:1.94090, Accuracy:0.18750
Pass:0, Batch:700, Cost:2.08904, Accuracy:0.12500
Pass:0, Batch:800, Cost:1.89128, Accuracy:0.12500
Pass:0, Batch:900, Cost:1.95716, Accuracy:0.21875
Pass:0, Batch:1000, Cost:1.65181, Accuracy:0.34375
```

持久化变量模型作为预训练模型训练时，从训练过程中输出的日志来看，一开始就有很高的准确率，可以知道之前训练保存的模型在这里发挥了作用。当然前提是之前模型已经训练过，并且保存到本地。

使用持久化变量模型作为预训练模型输出日志如下。

```
Pass:0, Batch:0, Cost:0.51357, Accuracy:0.81250
Pass:0, Batch:100, Cost:0.64380, Accuracy:0.78125
Pass:0, Batch:200, Cost:0.69049, Accuracy:0.62500
Pass:0, Batch:300, Cost:0.52201, Accuracy:0.87500
Pass:0, Batch:400, Cost:0.47289, Accuracy:0.81250
Pass:0, Batch:500, Cost:0.15821, Accuracy:1.00000
Pass:0, Batch:600, Cost:0.36470, Accuracy:0.87500
Pass:0, Batch:700, Cost:0.25326, Accuracy:0.90625
Pass:0, Batch:800, Cost:0.92556, Accuracy:0.78125
Pass:0, Batch:900, Cost:0.27470, Accuracy:0.93750
Pass:0, Batch:1000, Cost:0.34562, Accuracy:0.87500
```

使用参数模型作为预训练模型训练时，同样可以看到一开始训练时准确率就很高，参数模型同样也能起到恢复训练状态的作用。

使用参数模型作为预训练模型输出日志如下。

```
Pass:0, Batch:0, Cost:0.27627, Accuracy:0.90625
Pass:0, Batch:100, Cost:0.40026, Accuracy:0.87500
Pass:0, Batch:200, Cost:0.54928, Accuracy:0.78125
Pass:0, Batch:300, Cost:0.56526, Accuracy:0.84375
Pass:0, Batch:400, Cost:0.53501, Accuracy:0.78125
Pass:0, Batch:500, Cost:0.18596, Accuracy:0.93750
Pass:0, Batch:600, Cost:0.23747, Accuracy:0.96875
Pass:0, Batch:700, Cost:0.45520, Accuracy:0.84375
Pass:0, Batch:800, Cost:0.86205, Accuracy:0.71875
Pass:0, Batch:900, Cost:0.36981, Accuracy:0.87500
Pass:0, Batch:1000, Cost:0.37483, Accuracy:0.81250
```

8.4　保存训练模型

训练结束之后可以保存训练模型。当然也不一定要全部训练结束之后才保存模型，我们可以在每一轮训练结束之后保存一次模型，或者在训练的任何过程中保存模型。本章使用 3 个程序分别保存模型，当然也可以一次性保存模型。

save_use_persistables_model.py 文件保存持久化变量模型，之后用于初始化模型进行训练或者作为其他模型的预训练模型，使用 fluid.io.save_persistables() 函数保存持久化变量模型 。

```
# 保存持久化变量模型
save_path = 'models/persistables_model/'
# 删除旧的模型文件
shutil.rmtree(save_path, ignore_errors=True)
os.makedirs(save_path)
# 保存持久化变量模型
fluid.io.save_persistables(executor=exe, dirname=save_path)
```

save_use_params_model.py 文件保存参数模型，之后用于初始化模型进行训练。使用 fluid.io.save_params() 函数保存参数模型。

```
save_path = 'models/params_model/'
shutil.rmtree(save_path, ignore_errors=True)
os.makedirs(save_path)
# 保存参数模型
```

```
fluid.io.save_params(executor=exe, dirname=save_path)
```

save_infer_model.py 文件保存预测模型，之后用于预测图像。使用 fluid.io.save_inference_model() 函数保存预测模型，预测模型相对比较小，因为该函数已经对预测无用的变量进行了修剪，也提高了预测速度。使用预测模型进行预测时是非常方便的，具体可以阅读前文预测部分。save_inference_model() 函数主要有 4 个参数，其中 dirname 是保存路径，feeded_var_names 把输入层添加到预测模型中，target_vars 指定模型的输入层，executor 是模型的执行器。

```
# 保存预测模型
save_path = 'models/infer_model/'
# 删除旧的模型文件
shutil.rmtree(save_path, ignore_errors=True)
# 创建保存模型文件的目录
os.makedirs(save_path)
# 保存预测模型
fluid.io.save_inference_model(dirname=save_path,
                              feeded_var_names=[image.name],
                              target_vars=[model],
                              executor=exe)
```

8.5　使用模型进行预测

在训练中已经使用 fluid.io.save_inference_model() 函数保存了预测模型，我们编写一个 use_infer_model.py 文件用于预测图像。通过这个程序，读者会发现使用这个函数保存的模型进行预测是非常简单的，不需要再次定义输入层和输出层，最主要的是不需要定义网络结构。

首先导入相关的依赖库，PIL 库是用于对图像进行预处理的。

```
import paddle.fluid as fluid
from PIL import Image
import numpy as np
```

创建一个执行器。预测图像并不需要太多的计算资源，所以可以使用 CPU。

```
# 创建执行器
place = fluid.CPUPlace()
exe = fluid.Executor(place)
exe.run(fluid.default_startup_program()
```

之后开始加载模型。加载是整个预测程序的重点，通过 fluid.io.load_inference_model() 函数可以加载之前保存的预测模型，我们可以通过这个函数轻松获取到一个预测程序、输入数据名称列表，以及输出层，也就是我们需要的分类器。

```
# 保存预测模型
save_path = 'models/infer_model/'
# 从预测模型中获取预测程序、输入数据名称列表、分类器
[infer_program,
 feeded_var_names,
 target_var] = fluid.io.load_inference_model(dirname=save_path,
                                              executor=exe)
```

正如第 4 章所介绍的，在进行预测时也需要对图像进行预处理，所以我们需要定义一个图像预处理的函数。根据 CIFAR 数据集的预处理方式，需要统一图像大小为 32px × 32px，修改图像的存储顺序和图像的通道顺序，将其转换成 NumPy 数据。最后的 np.expand_dims() 函数是为转换后的 NumPy 数据添加一个维度，因为 PaddlePaddle 进行预测的时候是多幅图像预测的，我们只是添加一张图像，所以还需要模拟多维输入。

```
# 预处理图片
def load_image(file):
    im = Image.open(file)
    im = im.resize((32, 32), Image.ANTIALIAS)
    im = np.array(im).astype(np.float32)
    # PIL库打开图片的存储顺序为高度(Height)，宽度(Width)，通道(Channel)
    # PaddlePaddle要求图片顺序为C、H、W，所以需要转换顺序
    im = im.transpose((2, 0, 1))     im = im / 255.0
    im = np.expand_dims(im, axis=0)
    return im
```

最后进行预测。和我们之前进行预测一样，program 参数输入的是加载预测模型时获取的预测程序。输入层的名称可以通过 feeded_var_names 获取，这是一个列

表，保存预测模型的时候我们只把图像输入层添加到预测模型中，所以列表的第一个就是图像输入层的名称。最后的 fetch_list 是预测模型的输出，指定本次预测输出的数据，这里的值是指模型的分类器。

```
# 获取图片数据
img = load_image('image/dog.png')
# 进行预测
result = exe.run(program=infer_program,
                 feed={feeded_var_names[0]: img},
                 fetch_list=target_var)
```

进行预测之后，输出的结果是一个张量，这个张量表示每个类别的概率，我们可以把最大概率的标签提取出来，得到的就是模型输出的分类结果，并且可以根据标签获取该类别的名称。

```
# 显示图片并输出概率最大的标签
lab = np.argsort(result)[0][0][-1]
names = ['飞机', '汽车', '鸟', '猫', '鹿', '狗', '青蛙', '马', '船', '卡车']
print('预测结果标签为: %d, 名称为: %s, 概率为: %f'
      % (lab, names[lab], result[0][0][lab]))
```

当我们对猫的图像进行预测时，预测输出结果如下。

```
预测结果标签为: 5, 名称为: 猫, 概率为: 0.956314
```

8.6　本章小结

关于模型的保存与使用就介绍到这里，读者可以使用本章所学的方法，保存之前训练的模型，也可以尝试着使用保存的预测模型直接进行预测。我们已经掌握了如何保存和使用模型，第 9 章我们将会介绍如何使用保存的模型做迁移学习，通过迁移学习可以让我们使用较小的数据集训练出准确率较高的模型。

第 9 章

迁移学习实战——花卉类型识别

9.1 迁移学习简介

本章我们来学习迁移学习，迁移学习顾名思义就是把已经训练好的模型参数迁移到新的模型来帮助新模型训练。在深度学习训练中，如图像识别训练中，每次从零开始训练都要消耗大量的时间和资源。而且当数据集比较少时，模型会出现难以拟合的情况。在这种情况下，就出现了迁移学习。使用已经训练大量数据得到的良好模型来初始化即将训练的模型参数，可以加快模型的收敛速度，同时还有利于提高模型的准确率。这种用于初始化模型参数的预训练模型通常是通过训练大型数据集得到的，如不少的开发者在做图像识别的时候，都会使用训练 ImageNet 数据集得到的模型作为预训练模型。训练的模型和预训练的模型最好使用同一个网络，这样可以最大限度地初始化全部层。

9.2 迁移学习应用场景分析

在迁移学习中，通常会分为 4 种应用场景，我们针对这 4 种应用场景来分析一下，从而掌握如何使用迁移学习优化模型。

1．数据集小，数据相似度高

因为数据与预训练模型的训练数据相似度很高，所以我们并不需要重新训练模型，只需要将最后的输出层修改成符合实际情况的输出层即可。如我们通过训练 ImageNet 数据集得到的模型输出有 1 000 个类别，但是我们的项目中只需要输出猫和狗两个类别，而且猫和狗这两个类别的图像也在 ImageNet 数据集中，所以在这种情况下，我们只需要把最后的类别输出层从 1 000 改成 2 就可以了。

2．数据集小，数据相似度不高

如在本章中，笔者使用 Flowers 数据集，这个数据集中的数据和 ImageNet 数据集中的数据可能相似度不高，而且这个数据集也不算大。在这种情况下，我们可以冻结预训练模型中的前 k 层中的权重，然后重新训练后面的 $n-k$ 层，同时根据数据集的类别数量修改分类层的输出大小。因为数据的相似度不高，所以重新训练的过程就变得非常关键。新数据集大小的不足，可以通过冻结预训练模型的前 k 层进行弥补。

3．数据集大，数据相似度不高

在这种情况下，因为我们的数据集比较大，足以让模型很好地收敛，所以最重要的是数据量。数据量足够大时，训练得到的模型通常会收敛得比较好。当我们有大量数据集，但预训练模型的训练数据之间存在很大差异，这时采用预训练模型可能不是一种高效的方式，反而重新训练更有利于模型收敛。

4．数据集大，数据相似度高

这是最理想的情况，采用预训练模型会变得非常高效。数据集的相似度高，这种情况下我们最好不要改变模型的结构，直接使用预训练模型初始化，并使用新数据集重新训练。

9.3 花卉类型识别项目实战——训练模型

本节将会使用 Flowers 数据集进行训练，该数据集由牛津大学制作，一共有 102 个类别，其中的花卉都是英国常见的花卉，每个类包括 40 ~ 258 幅图像，有兴趣的读者可以登录其官网查看这些花卉图像。

我们将要使用的预训练模型是 PaddlePaddle 官方提供的 ResNet-50 模型，训练的数据集是 ImageNet 数据集，因为 Flowers 数据集与 ImageNet 数据集中的数据相似度并不高，所以我们使用的是第二种应用场景下的迁移学习方式，即通过冻结预训练模型前面的层，只训练最后的分类输出层。PaddlePaddle 官方提供了大量预训练模型，读者可以根据自己的实际需要下载其他更多的预训练模型，在本书的电子资源中找到 ResNet-50 预训练模型，资源显示为 ResNet50_pretrained.zip 的压缩包。

创建一个 pretrain_model.py 文件来实现迁移学习。首先导入相关的依赖库，通过调用 paddle.dataset.flowers() 函数可以获取 PaddlePaddle 内置的 Flowers 数据集，使用 ParamAttr 参数是为了方便对模型中的参数命名。

```
import os
import shutil
import paddle as paddle
import paddle.dataset.flowers as flowers
import paddle.fluid as fluid
from paddle.fluid.param_attr import ParamAttr
```

定义一个残差神经网络（Residual Neural Network，ResNet），这是目前比较常用的一个神经网络。该神经网络是 2015 年 ImageNet 图像分类、图像物体定位和图像物体检测比赛的冠军。在残差神经网络出现之前，研究人员在实验过程中发现，如果单纯增加模型的深度，在达到一定值之后模型的准确率不但不会提升，反而还会下降。为了解决这个问题，研究人员引入了残差模块。每个残差模块包括两条路径，其中一条路径是输入特征的直连通路，另一条路径对输入特征做 2 ~ 3 次卷积操作得到该特征的残差，最后再将两条路径上的特征相加。残差模块如图 9-1 所示，图 9-1（a）是基本模块连接方式，由两个输出通道数相同的 3×3 卷积组成。图 9-1（b）是瓶颈模块（Bottleneck）连接方式，瓶颈模块上面的 1×1 卷积用来降维（图示例即 256→64），下面的 1×1 卷积用来升维（图示例即 64→256），这样中间 3×3 卷积的输入和输出通道数都较小（图示例即 64→64）。

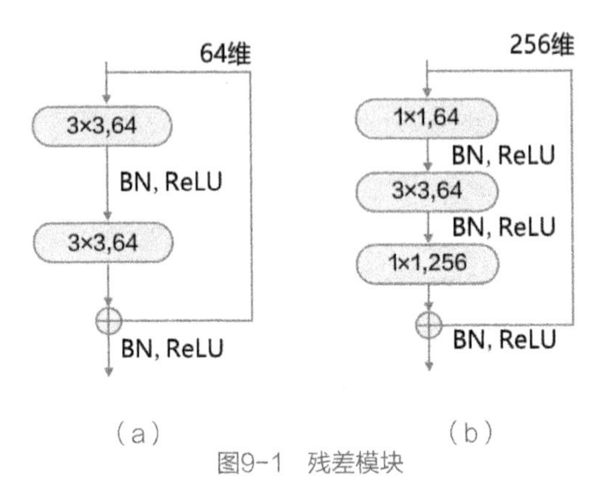

图9-1　残差模块

目前比较常见的残差神经网络模型有 50、101、152 层，以下的代码使用 PaddlePaddle 定义了残差模块，调用定义的 bottleneck_block() 函数即可获取一个残差模块，每一个残差模块有 3 层，后面实现的 50 层残差神经网络模型主要由这个残差模块叠加得到。

```
    # 定义残差模块
    def resnet50(input, class_dim):
        def conv_bn_layer(input, num_filters, filter_size, stride=1, groups=1, act=
None, name=None):
            conv = fluid.layers.conv2d(input=input,
                                       num_filters=num_filters,
                                       filter_size=filter_size,
                                       stride=stride,
                                       padding=(filter_size - 1) // 2,
                                       groups=groups,
                                       act=None,
                                        param_attr=ParamAttr(name=name + "_
weights"),
                                       bias_attr=False,
                                       name=name + '.conv2d.output.1')
            if name == "conv1":
```

```
            bn_name = "bn_" + name
        else:
            bn_name = "bn" + name[3:]
        return fluid.layers.batch_norm(input=conv,
                                       act=act,
                                       name=bn_name + '.output.1',
                                       param_attr=ParamAttr(name=bn_
name + '_scale'),
                                       bias_attr=ParamAttr(bn_name +
'_offset'),
                                       moving_mean_name=bn_name +
'_mean',
                                       moving_variance_name=bn_name +
'_variance', )
    def shortcut(input, ch_out, stride, name):
        ch_in = input.shape[1]
        if ch_in != ch_out or stride != 1:
            return conv_bn_layer(input, ch_out, 1, stride, name=name)
        else:
            return input
    def bottleneck_block(input, num_filters, stride, name):
        conv0 = conv_bn_layer(input=input,
                              num_filters=num_filters,
                              filter_size=1,
                              act='relu',
                              name=name + "_branch2a")
        conv1 = conv_bn_layer(input=conv0,
                              num_filters=num_filters,
                              filter_size=3,
                              stride=stride,
                              act='relu',
                              name=name + "_branch2b")
        conv2 = conv_bn_layer(input=conv1,
                              num_filters=num_filters * 4,
                              filter_size=1,
                              act=None,
                              name=name + "_branch2c")
        short = shortcut(input, num_filters * 4, stride, name=name +
"_branch1")
        return fluid.layers.elementwise_add(x=short, y=conv2, act='relu', name=
name + ".add.output.5")
```

以下残差神经网络模型就是50层的，使用上面定义的残差模块构建一个50层的残差神经网络模型。在进入残差模块之前，首先会有一个标准的卷积层和池化层。接着就是16个残差模块相连，这些残差模块分为数量为3、4、6、3的4组，每一组的卷积核的数量对应为64、128、256、512。模型最后是一个池化层。

```
        depth = [3, 4, 6, 3]
        num_filters = [64, 128, 256, 512]
         conv = conv_bn_layer(input=input, num_filters=64, filter_
size=7, stride=2,
act='relu', name="conv1")
         conv = fluid.layers.pool2d(input=conv, pool_size=3, pool_
stride=2, pool_padding=1, pool_type='max')
        for block in range(len(depth)):
            for i in range(depth[block]):
                conv_name = "res" + str(block + 2) + chr(97 + i)
                conv = bottleneck_block(input=conv,
                                        num_filters=num_filters[block],
                                        stride=2 if i == 0 and block != 0
else 1,name=conv_name)
        pool = fluid.layers.pool2d(input=conv, pool_size=7, pool_type='avg', global_
pooling=True)
        return pool
```

定义图片数据和标签数据的输入层。本章使用的图片数据集是102 Flowers。通过PaddlePaddle的函数得到的102 Flowers数据集的图片是3通道且是224px×224px的彩色图，总类别是102种。

```
    # 定义输入层
    image = fluid.data(name='image', shape=[None, 3, 224, 224], dtype='float32')
    label = fluid.data(name='label', shape=[None, 1], dtype='int64')
```

获取50层的残差神经网络模型，得到的是该模型分类层的上一层即池化层，获取残差神经网络模型之后就停止梯度下降。这是按照上文介绍的第二种应用场景说的，冻结预训练模型中的前k层中的权重，重新训练后面的$n-k$层。然后从主程序中复制一个基本的程序用于之后加载预训练模型参数。

```
    # 获取残差神经网络模型
```

```
pool = resnet50(image)
# 停止梯度下降
pool.stop_gradient = True
# 由这里复制一个基本的程序
base_model_program = fluid.default_main_program().clone()
```

定义残差神经网络模型最后的分类层，分类层的输出是上一步获取的残差神经网络模型的输出，定义其大小为 102，因为 102 Flowers 数据集一共有 102 个类别。指定激活函数为 Softmax。

```
model = fluid.layers.fc(input=pool, size=102, act='softmax')
```

获取训练和测试所需的损失函数、准确率函数，接着复制一个预测程序用于之后测试，最后还要定义一个优化方法，依旧使用 Adam 优化方法。

```
# 获取损失函数和准确率函数
cost = fluid.layers.cross_entropy(input=model, label=label)
avg_cost = fluid.layers.mean(cost)
acc = fluid.layers.accuracy(input=model, label=label)

# 复制预测程序
test_program = fluid.default_main_program().clone(for_test=True)

# 定义优化方法
optimizer = fluid.optimizer.AdamOptimizer(learning_rate=1e-3)
opts = optimizer.minimize(avg_cost)
```

获取 102 Flowers 数据集。PaddlePaddle 内置了该数据集的函数，使用 flowers.train() 函数和 flowers.test() 函数分别获取 102 Flowers 数据集的训练集和测试集。因为残差神经网络模型和图像的宽、高都比较大，所需内存比较大，如果使用GPU训练，会占用大量的内存，所以读者需要根据自己计算机配置的情况设置 batch_size 的大小。

```
# 获取102 Flowers数据集
train_reader = paddle.batch(flowers.train(), batch_size=32)
test_reader = paddle.batch(flowers.test(), batch_size=32)
```

创建执行器，最好使用 GPU 进行训练。残差神经网络模型和图像都比较大时使用 CPU 的训练速度是非常慢的。如果计算机配置不是很高，使用 CPU 训练会直接导致计算机卡死，所以尽量使用 GPU 训练。

```
# 创建一个使用GPU的执行器
place = fluid.CUDAPlace(0)
# place = fluid.CPUPlace()
exe = fluid.Executor(place)
# 进行参数初始化
exe.run(fluid.default_startup_program())
```

加载预训练模型是迁移学习的重点。调用 fluid.io.load_vars() 函数加载模型文件，在加载预训练模型的时候，PaddlePaddle 会通过 if_exist() 函数判断残差神经网络所需的模型文件是否存在，当网络模型匹配到参数名相同的预训练模型文件，系统就会把模型文件的数据加载到网络模型中。要注意的是，在加载预训练模型的时候，针对的是之前复制的基本程序。

```
# PaddlePaddle官方提供的原预训练模型
src_pretrain_model_path = 'models/ResNet50_pretrained/'
# 通过这个函数判断模型文件是否存在
def if_exist(var):
    path = os.path.join(src_pretrain_model_path, var.name)
    exist = os.path.exists(path)
    if exist:
        print('Load model: %s' % path)
    return exist
# 加载模型文件，只加载存在残差神经网络模型的模型文件
fluid.io.load_vars(executor=exe, dirname=src_pretrain_model_path,
                   predicate=if_exist, main_program=base_model_program)
```

最后可以进行训练了。和我们在第 4 章所介绍的卷积神经网络模型的训练一样，残差神经网络模型通过定义输入数据维度 feeder，在训练时从数据阅读器中获取图像数据和标签数据。训练使用的程序是主程序，而不是上面复制的基本程序。每 100 个批量输出一次训练日志以便观察训练情况，每一轮训练结束后进行一次测试，观察残差神经网络模型在测试集中的效果。

```
# 定义输入数据维度
feeder = fluid.DataFeeder(place=place, feed_list=[image, label])
# 训练10轮
```

```
    for pass_id in range(10):
        # 进行训练
        for batch_id, data in enumerate(train_reader()):
            train_cost, train_acc = exe.run(program=fluid.default_main_
program(),
                                            feed=feeder.feed(data),
                                            fetch_list=[avg_cost, acc])
            # 每100个批量输出一次训练日志
            if batch_id % 100 == 0:
                print('Pass:%d, Batch:%d, Cost:%0.5f, Accuracy:%0.5f' %
                      (pass_id, batch_id, train_cost[0], train_acc[0]))
        # 进行测试
        test_accs = []
        test_costs = []
        for batch_id, data in enumerate(test_reader()):
            test_cost, test_acc = exe.run(program=test_program,
                                          feed=feeder.feed(data),
                                          fetch_list=[avg_cost, acc])
            test_accs.append(test_acc[0])
            test_costs.append(test_cost[0])
        # 求测试结果的平均值
        test_cost = (sum(test_costs) / len(test_costs))
        test_acc = (sum(test_accs) / len(test_accs))
         print('Test:%d, Cost:%0.5f, Accuracy:%0.5f' % (pass_id, test_
cost, test_acc))
```

在训练开始之前，就加载预训练模型参数。下面这些输出日志就是在加载预训练模型时成功加载到残差神经网络模型中的。

```
    Load model: models/ResNet50_pretrained/bn3a_branch2b_mean
    Load model: models/ResNet50_pretrained/bn5a_branch2c_scale
    Load model: models/ResNet50_pretrained/bn2a_branch2c_mean
    Load model: models/ResNet50_pretrained/bn4a_branch2b_scale
    Load model: models/ResNet50_pretrained/res4a_branch2c_weights
    Load model: models/ResNet50_pretrained/bn4b_branch2b_variance
```

使用预训练模型初始化残差神经网络模型。在训练时通过输出日志我们可以看出残差神经网络模型收敛得非常快，残差神经网络模型的准确率的提升也非常快。对比没有加载预训练模型时，加载了预训练模型的残差神经网络模型收敛得更快且准确率更高。

```
Pass:0, Batch:0, Cost:4.94665, Accuracy:0.00000
Pass:0, Batch:100, Cost:2.20111, Accuracy:0.59375
Test:0, Cost:1.41550, Accuracy:0.69685
Pass:1, Batch:0, Cost:1.12844, Accuracy:0.84375
Pass:1, Batch:100, Cost:0.69858, Accuracy:0.90625
Test:1, Cost:0.81853, Accuracy:0.81738
```

训练过程中，我们还可以保存残差神经网络模型的参数，用于之后的再训练。有些开发者会在加载预模型结束后保存模型的参数，之后使用这个模型参数文件作为预训练模型再次进行训练，这样一定程度上可以提高模型的准确率。但是我们的残差神经网络模型在训练结束之后准确率已经比较高了，省略这一步可以缩短不少的训练时长。

```
save_pretrain_model_path = 'models/params/'
shutil.rmtree(save_pretrain_model_path, ignore_errors=True)
os.makedirs(save_pretrain_model_path)
# 保存参数模型
fluid.io.save_params(executor=exe, dirname=save_pretrain_model_
path)
```

训练结束之后，使用 fluid.io.save_inference_model() 函数保存预测模型，在下一步就可以使用这个预测模型识别花卉类型。

```
save_path = 'models/infer_model/'
shutil.rmtree(save_path, ignore_errors=True)
os.makedirs(save_path)
# 保存预测模型
fluid.io.save_inference_model(save_path, feeded_var_names=[image.
name],
                              target_vars=[model], executor=exe)
```

9.4　花卉类型识别项目实战——验证模型

创建一个 infer.py 文件，这个文件将会使用上面保存的预测模型识别一幅图像。首先导入该程序所需的依赖库，本节重点介绍的是 paddle.dataset.image() 这个函数提供的工具函数。本节使用的 load_image() 函数是 PaddlePaddle 对 OpenCV 经过封装得到的，它通过传入图片的路径得到符合 PaddlePaddle 训练所需的图像通道顺序格式。simple_transform() 函数是对图像进行裁剪的，裁剪方式可以是随机裁剪，也可以是中心裁剪，同时可以对图像减去一个均值，这样有利于训练模型。然后创建一个 CPU 执行器，接着加载训练时保存的预测模型。

```
import numpy as np
import paddle.fluid as fluid
from paddle.dataset.image import load_image, simple_transform
place = fluid.CPUPlace()
exe = fluid.Executor(place)
exe.run(fluid.default_startup_program())
save_path = 'models/infer_model/'
[infer_program,
 feeded_var_names,
 target_var] = fluid.io.load_inference_model(dirname=save_path,
                                              executor=exe)
```

实现一个对图像进行预处理的函数。通过前面的学习我们可以知道，在进行预测前需要对图像做和训练时一样的预处理，通过查看 paddle.dataset.flowers() 函数我们可以知道其预处理的方式，按照该函数对图像的预处理方式，对预测图像做了以下的预处理。

```
def load_data(file):
    img = load_image(file)
    img = simple_transform(img, 256, 224, is_train=False,
                           mean=[103.94, 116.78, 123.68])
    img = img.astype('float32')
    img = np.expand_dims(img, axis=0)
    return img
```

我们从数据集中选出一幅图像进行预测，image_00001.jpg 这幅图像的标签为 76，这是一种名为西番莲的花。

```
# 获取图片数据
img = load_data('image/image_00001.jpg')
# 进行预测
```

```
result = exe.run(program=infer_program,
                 feed={feeded_var_names[0]: img},
                 fetch_list=target_var)
# 显示图片并输出概率最大的标签
lab = np.argsort(result)[0][0][-1]
print('预测结果标签为：%d，实际标签为：%d，概率为：%f'
      % (lab, 76, result[0][0][lab]))
```

在进行预测之后，残差神经网络模型可以正确识别这幅图像的类别，输出如下。

```
预测结果标签为：76，实际标签为：76，概率为：0.999971
```

9.5 本章小结

通过本章的学习，相信读者已经对迁移学习有了一定的理解。在日常深度学习训练任务中，常用预训练模型进行迁移学习，可以大幅度减少训练时间，同时可以有效提高模型的准确率。迁移学习在工作和研究中是常用的方法之一。第 10 章我们将会学习 Visual DL 工具，这个工具可以将我们训练的数据信息可视化，有助于我们调整训练参数。

第10章 PaddlePaddle可视化工具Visual DL的使用

10.1 可视化工具的重要性

在本章之前，我们所有的训练日志都是通过控制台输出的，但有时仅仅通过日志很难体现一个模型训练的情况，如模型在训练的时候是不是出现梯度爆炸[①] 或者梯度消失[②]。这时如果使用趋势图就能更清楚地给开发者展示训练情况。本章将介绍PaddlePaddle 可视化工具 Visual DL。

10.2 PaddlePaddle Visual DL的介绍

Visual DL 是一个面向深度学习任务而设计的可视化工具，包括标量数据趋势图、参数分布直方图、网络结构图、样本数据可视化、PR 曲线图等功能。可以这样说，Visual DL“所见即所得”。我们可以借助 Visual DL 更全面地观察训练的

① 梯度爆炸：指神经网络训练过程中大的误差梯度不断累积，导致模型权重出现重大更新。梯度爆炸会造成模型不稳定，无法利用训练数据学习，具体表现为损失值输出结果为 non。

② 梯度消失：与梯度爆炸相反，模型权重更新越来越小，最终导致模型权重无法更新。

情况，方便我们对训练的模型进行分析，了解模型的收敛情况。Visual DL 除了支持 PaddlePaddle 之外，还支持其他比较流行的深度学习框架，如 PyTorch、MXNet 等主流深度学习框架。下面简单介绍 4 个常用的功能。

（1）标量数据趋势图，可用于训练和测试的损失值变化和准确率变化的展示，图 10-1 就是官方提供的一个训练时损失值和准确率变化的趋势图，横坐标表示训练的步数，纵坐标表示该步输出的结果值。

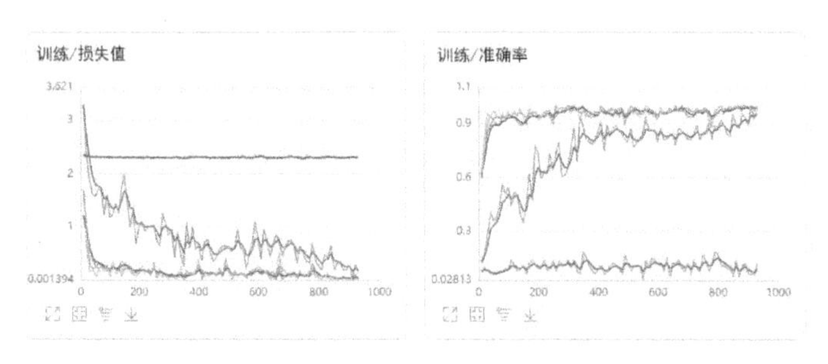

图10-1　损失值和准确率变化趋势

（2）样本数据可视化图，可用于展示训练的输入图像或者卷积层处理后的图片，或目标检测结果标记的图像。

（3）参数分布直方图，用于参数分布及变化趋势的展示，通过观察参数分布是否变化去判断一个模型是否在一直学习，也可以观察参数是否出现了极大值或者极小值的异常现象。图 10-2 是官方提供的两个模型训练参数变化的直方图，其中横坐标表示模型参数的值，纵坐标表示训练的步数，从图中可以看出左边的模型没有进行学习，而右边的模型在不断学习。

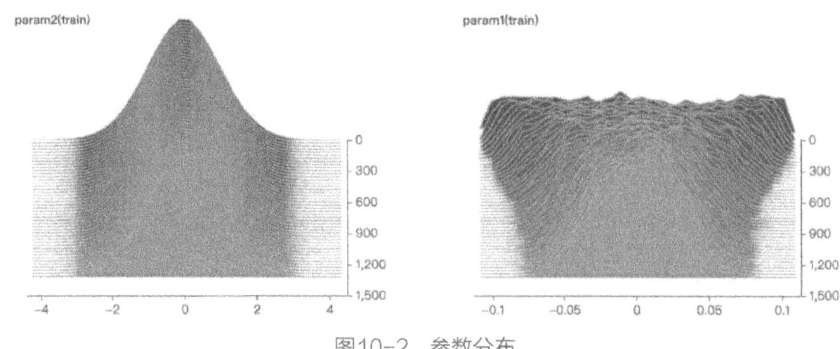

图10-2　参数分布

（4）网络结构图，用于训练模型结构的可视化，可以把一个模型的计算层和结果的传递，以及每个层的名称都展示出来。一般模型非常大，通过拖动可以查看模型每一层的结构。图 10-3 是官方展示的某个模型的结构图。

图10-3　某个模型的结构图

10.3　PaddlePaddle Visual DL的安装

安装 Visual DL 有两种方式：一种是直接使用 pip 命令安装，另一种是使用源码编译安装。下面将介绍这两种安装方式。

1. 使用pip命令安装

使用 pip 命令安装非常简单，只需要一条命令就足够了，安装命令如下。

```
pip3 install visualdl
```

2. 源码安装

如果读者因为某种原因，使用 pip 命令安装不能满足需求，也可以考虑使用源码安装 Visual DL。下面是在 Ubuntu 操作系统下安装的方法，使用 Windows 操作系统的读者可以跳过下面的源码安装。

首先需要安装编译时所使用的依赖库，安装依赖库的命令如下。

```
apt install npm
apt install nodejs-legacy
apt install cmake
apt install unzip
```

然后在 GitHub 上复制 Visual DL 的最新源码并切换到 Visual DL 根目录下。

```
git clone https://github.com/PaddlePaddle/VisualDL.git
cd VisualDL
```

之后执行 Visual DL 根目录下的 setup.py 程序，通过编译后会在 dist 目录下生成 WHL 安装包。

```
python3 setup.py bdist_wheel
```

生成 WHL 安装包之后，就可以使用 pip 命令安装这个安装包了，* 对应的是 Visual DL 版本号，读者要根据实际情况来安装，安装命令如下。

```
pip3 install dist/visualdl-*.whl
```

10.4　Visual DL的简单用法

我们通过编写下面这个程序来学习 Visual DL 的使用方法，test_visualdl.py 程序的代码如下。这个程序比较简单，它通过调用 logwriter() 函数创建一个日志编辑器，同时指定日志存放的文件夹。使用 writer.add_scala () 函数可以添加标量数据，第一个参数 tag 指定该数据图的标签，参数 step 指定当前的步数，参数 value 指定当前的数据值。最后使用一个 for 循环向趋势图添加数据，通过 add_record() 函数向这个趋势图添加步数和每一步的数据。

```
from visualdl import LogWriter

writer = LogWriter(logdir="./random_log")
for step in range(1000):
    writer.add_scalar(tag="测试/数据1", step=step, value=step * 1. / 1000)
    writer.add_scalar(tag="测试/数据2", step=step, value=1. - step * 1. /
1000)
```

运行以上程序之后，程序会在当前目录下创建一个 random_log 文件夹，这个文件夹用于存放 Visual DL 所需的日志信息。然后在终端上输入以下命令即可启动 Visual DL，这里说明一下 Visual DL 的参数。

- host设定IP地址。
- port设定端口。
- model_pb指定ONNX格式的模型文件，如PaddlePaddle通过save_inference_model()函数保存的预测模型的模型文件。

```
visualdl --logdir=random_log/ --port=8080
```

然后在浏览器上输入以下地址。

```
http://127.0.0.1:8080
```

在浏览器上我们就可以看到刚才编写的程序生成的图像了，图 10-4 所示为程序在 for 循环中生成的数据趋势图，其中横坐标为执行的步数，纵坐标为每一步输出的结果值。

通过这个实例，相信读者已经对 Visual DL 的用法有了进一步的了解，接下来我们就在 PaddlePaddle 的模型训练中使用 Visual DL。

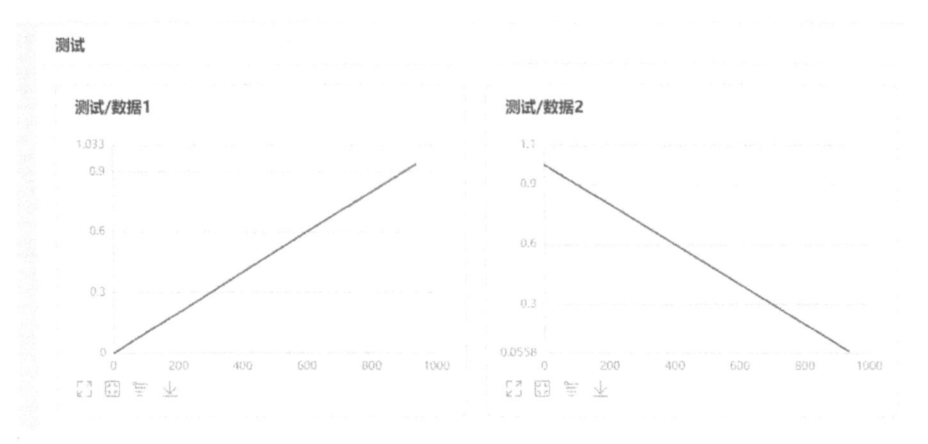

图10-4　生成的数据趋势图

10.5　模型训练中使用Visual DL

下面就介绍在 PaddlePaddle 的模型训练中使用 Visual DL，我们在模型训练中使用 Visual DL 不断记录训练的数据，最终通过可视化方式展示出来。为了使代码简洁，这里把本章使用的神经网络模型 VGG16 单独存放在一个 Python 文件中，创建一个 Python 文件 vgg16.py，代码如下。因为前面已经介绍过 VGG16 模型，所以这里不再重复介绍。

```
import paddle.fluid as fluid
# 定义VGG16模型
def vgg16(input, class_dim=1000):
    def conv_block(conv, num_filter, groups):
        for i in range(groups):
            conv = fluid.layers.conv2d(input=conv,
                                       num_filters=num_filter,
                                       filter_size=3,
                                       stride=1,
                                       padding=1,
                                       act='relu')
        return fluid.layers.pool2d(input=conv, pool_size=2, pool_
type='max', pool_stride=2)
    conv1 = conv_block(input, 64, 2)
```

```
    conv2 = conv_block(conv1, 128, 2)
    conv3 = conv_block(conv2, 256, 3)
    conv4 = conv_block(conv3, 512, 3)
    conv5 = conv_block(conv4, 512, 3)
    fc1 = fluid.layers.fc(input=conv5, size=512)
    dp1 = fluid.layers.dropout(x=fc1, dropout_prob=0.5)
    fc2 = fluid.layers.fc(input=dp1, size=512)
    bn1 = fluid.layers.batch_norm(input=fc2, act='relu')
    fc2 = fluid.layers.dropout(x=bn1, dropout_prob=0.5)
    out = fluid.layers.fc(input=fc2, size=class_dim, act='softmax')
    return out
```

接着创建一个 train.py 文件用于编辑训练代码以及 Visual DL 代码，首先导入相关的依赖库，其中 vgg16 库就是上面定义的 VGG16 模型。

```
import os
import shutil
import vgg16
import paddle as paddle
import paddle.dataset.cifar as cifar
import paddle.fluid as fluid
from visualdl import LogWriter
```

创建 Visual DL 的数据记录器，将这些数据全部存储在 log 目录下。

```
# 创建数据记录器
writer = LogWriter(logdir='log/')
```

像平时训练一样，定义输入层，获取VGG16模型，获取损失函数和准确率函数，并复制一个测试程序用于测试。

```
# 定义输入层
image = fluid.data(name='image', shape=[None, 3, 32, 32], dtype='float32')
label = fluid.data(name='label', shape=[None, 1], dtype='int64')

# 获取VGG16模型
model = vgg16.vgg16(image, 10)

# 获取损失函数和准确率函数
cost = fluid.layers.cross_entropy(input=model, label=label)
avg_cost = fluid.layers.mean(cost)
```

```
acc = fluid.layers.accuracy(input=model, label=label)

# 获取训练和测试程序
test_program = fluid.default_main_program().clone(for_test=True)
```

本章使用的是 Momentum 优化方法。在定义优化方法时，可以通过 regularization 参数指定该优化方法使用的正则函数。通过 fluid.regularizer.L2DecayRegularizer() 函数可以创建一个 L2 正则函数，使用 L2 正则函数能有效抑制过拟合的出现。当模型过于复杂时，容易出现过拟合的情况。当出现过拟合时，模型在训练集中的准确率会很高，但是在测试集上的准确率会比较低，这种模型没有泛化能力，不适合部署到项目中或者部署效果不好。所以观察到模型在训练集中的准确率提高时，还需要检查模型在测试集中的准确率是否也同时提高，这些数据可以通过 Visual DL 的趋势图直观体现出来。

```
# 定义优化方法
l2 = fluid.regularizer.L2DecayRegularizer(2e-3)
optimizer = fluid.optimizer.MomentumOptimizer(learning_rate=1e-3,
                                              momentum=0.9,
                                              regularization=l2)
opts = optimizer.minimize(avg_cost)
```

接着获取 CIFAR-10 数据集的训练数据和测试数据，并创建一个 GPU 执行器，以及定义数据输入维度。

```
train_reader = paddle.batch(cifar.train10(), batch_size=32)
test_reader = paddle.batch(cifar.test10(), batch_size=32)

place = fluid.CUDAPlace(0)
exe = fluid.Executor(place)
exe.run(fluid.default_startup_program())

feeder = fluid.DataFeeder(place=place, feed_list=[image, label])
```

以下定义趋势图和参数分布图的开始位置，同时还从初始化程序中获取全部参数的名称，用于之后训练过程中输出参数的值，并记录到 Visual DL 中，生成参数分布图。

```
    # 定义趋势图和参数分布图的开始位置并获取全部参数的名称
    train_step = 0
    test_step = 0
    params_name = fluid.default_startup_program().global_block().all_
parameters()[0].name
```

开始训练模型，在训练过程中，使用 writer.add.scalar() 函数把训练时的损失值、准确率记录到“训练”标签下的标量数据图中，使用 writer.add.histogram() 函数把训练的参数分布数据记录下来。同时我们还可以在每 100 个批量的时候输出一次日志。

```
    for pass_id in range(10):
        for batch_id, data in enumerate(train_reader()):
            train_cost, train_acc, params = exe.run(program=fluid.default_main_program(),
                                                    feed=feeder.feed(data),
                                                    fetch_list=[avg_cost, acc,
params_name])
            train_step += 1
            writer.add_scalar(tag="训练/损失值", step=train_step, value=train_cost[0])
            writer.add_scalar(tag="训练/准确率", step=train_step, value=train_cost[0])
            writer.add_histogram(tag="训练/参数分布", step=train_step,
values=params.flatten(), buckets=50)
            if batch_id % 100 == 0:
                print('Pass:%d, Batch:%d, Cost:%0.5f, Accuracy:%0.5f' %
                      (pass_id, batch_id, train_cost[0], train_acc[0]))
```

上面的代码只记录了训练时的日志，下面的代码开始记录测试时的日志。使用 writer.add_scalar () 函数记录测试时的损失值和准确率，但是要指定参数 tag 为“测试”。

```
    # 进行测试
    test_accs = []
    test_costs = []
    for batch_id, data in enumerate(test_reader()):
        test_cost, test_acc = exe.run(program=test_program,
                                      feed=feeder.feed(data),
                                      fetch_list=[avg_cost, acc])
    # 保存测试的日志
    test_step += 1
    writer.add_scalar(tag="测试/损失值", step=test_step, value=test_cost[0])
```

```
    writer.add_scalar(tag="测试/准确率", step=test_step, value=test_acc[0])
    print('Test:%d, Batch:%d, Cost:%0.5f, Accuracy:%0.5f' % (
        pass_id, batch_id, test_cost, test_acc))
```

训练结束之后，调用 fluid.io.save_inference_model() 函数来保存预测模型，因为我们之后会使用这个预测模型并利用 Visual DL 把模型的结构显示出来。

```
save_path = 'models/'
shutil.rmtree(save_path, ignore_errors=True)
os.makedirs(save_path)
# 保存预测模型
fluid.io.save_inference_model(dirname=save_path,
                              feeded_var_names=[image.name],
                              target_vars=[model],
                              executor=exe)
```

训练结束之后，启动 Visual DL，指定日志文件的目录路径为 log，端口号为 8080，以及预测模型的路径为 models，具体命令如下。

```
visualdl --logdir=log/ --port=8080 --model_pb=models/
```

访问网页 http://localhost:8080/，在浏览器上我们会看到以下趋势图。图 10-5 所示为训练的损失值和准确率变化趋势，从图中可以看出模型的损失值在不断下降，同时准确率在上升，说明模型正在收敛。

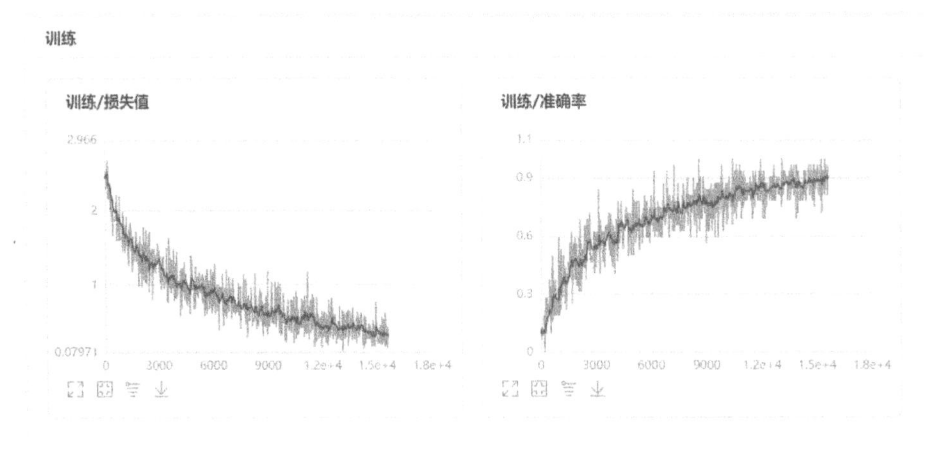

图10-5　训练的损失值和准确率变化趋势

图 10-6 所示为测试的损失值和准确率变化趋势，从图中可以看出模型的准确率在随着测试的进行不断升高。但是在后期，对比训练的准确率图，训练的准确率还在上升，但是测试的准确率没有继续升高，这证明模型出现了过拟合的情况，但并不是很严重。

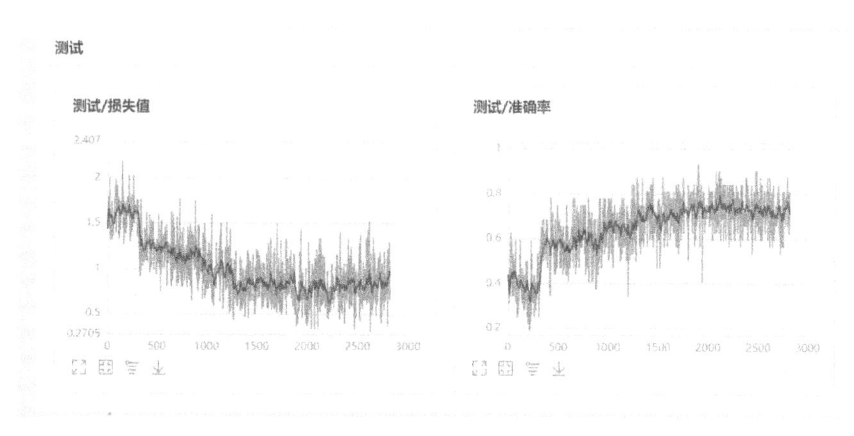

图10-6 测试的损失值和准确率变化趋势

图 10-7 所示为训练时的参数分布直方图，从图中可以看出参数一直处于变化状态，但逐步趋于稳定，这说明模型一直在学习并趋于稳定。同时参数没有出现异常值，如极大值或者极小值。

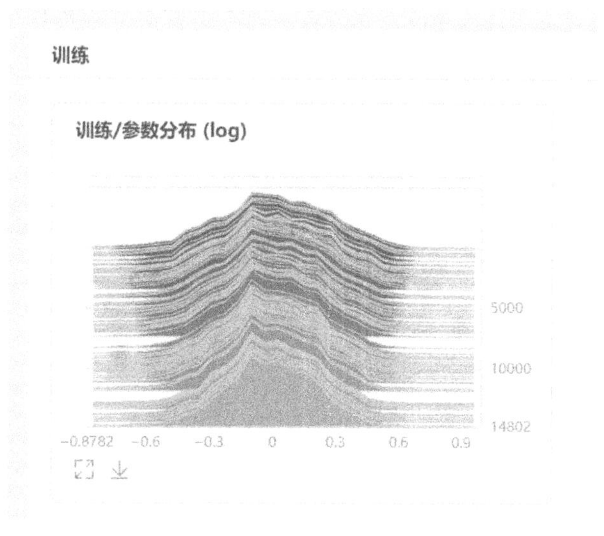

图10-7 训练时的参数分布

图 10-8 所示为 VGG16 模型的网络结构图，通过这个图可以看出每层的计算类型和输入输出层的名称。VGG16 模型比较大，它的计算层比较多，图 10-8 并不能完整显示 VGG16 模型，可以通过拖拉的方式查看完整信息，点击某个计算层，可以在右边查看该层的输入输出层的名称。

图10-8　VGG16模型的网络结构图

10.6　本章小结

在本章中，我们由浅入深介绍了 Visual DL 的用法。先是介绍了一个简单的 Python 例子来生成自己的数据并以趋势图的方式展示出来。接着结合 PaddlePaddle

来使用 Visual DL，在 PaddlePaddle 的训练过程使用 Visual DL 形式化展示训练和测试时输出的日志，最后通过图的方式给我们展示 Visual DL 的可视化，这些图对我们改良模型非常重要，也便于我们及时发现问题，缩短开发时间。到本章为止，本书的第一阶段已经结束了，剩下的章节都属于实战和进阶类型，准备好下一个阶段的挑战了吗，我们第 11 章见。

第11章 自定义图像数据集识别项目实战——水果识别

11.1 自定义数据集

本章将介绍如何使用 PaddlePaddle 训练自己的图片数据集。之前所使用的图像数据集都是 PaddlePaddle 自带的数据集，但是在实际开发中，我们通常都是训练自己的数据集，比如你有一个已经标注完成的水果图像数据集，需要你使用这个水果图像数据集训练出一个可以识别水果的模型。如何使用 PaddlePaddle 训练呢？本章我们就来了解一下。

11.2 项目图像数据集的爬取

在训练模型之前，我们必须先要有图像数据集，当没有现成的图像数据集时，我们可以使用爬虫技术从网络上爬取自己所需的图像。下面我们先通过一个爬虫程序从网络上爬取水果图像文件，这个文件名为 download_image.py。

首先导入本次爬取水果图像程序所需的依赖库，re 是一个正则表达式的

Python 库，利用这个库我们可以从返回的页面源码中提取出我们所需的图像 URL。requests 是一个可以访问网络的 Python 库，利用这个库可以进行网络资源访问。imghdr 是一个检查图像格式的 Python 库，利用这个库可以检查下载的图像是否已经损坏。

```
import re
import uuid
import requests
import os
import numpy
import imghdr
from PIL import Image
```

如下定义的 download_image() 函数就是一个下载图像的函数。key_word 指定图像的关键词，关键词在这里是指想要下载的水果图像类别的名称。save_name 是保存对应每个类别的文件夹名称，因为文件路径通常不应该含有中文，所以在定义完整的文件路径 save_path 时需要使用英文。download_max 参数指定当前类别中下载图片的数量。

首先通过 requests.get(url).text 可以获取当前页面的源码，然后使用 re.findall() 函数可以获取全部符合正则表达式的图像 URL，最后访问每一个图像的 URL，把图像都下载下来并保存在指定的文件夹内。

```
def download_image(key_word, save_name, download_max):
    download_sum = 0
    save_path = 'images' + '/' + save_name
    if not os.path.exists(save_path):
        os.makedirs(save_path)
    while download_sum < download_max:
        download_sum += 1
        str_pn = str(download_sum)
        url = 'http://网站域名/search/flip?tn=baiduimage&ie=utf-8&' \
              'word=' + key_word + '&pn=' + str_pn + '&gsm=80&ct=
&ic=0&lm= -1&width=0&height=0'
        try:
            result = requests.get(url, timeout=30).text
            img_urls = re.findall('"objURL":"(.*?)",', result, re.S)
```

```
            if img_urls is None or len(img_urls) < 1:
                break
            for img_url in img_urls:
                img = requests.get(img_url, timeout=30)
                with open(save_path + '/' + str(uuid.uuid1()) + '.jpg',
'wb') as f:
                    f.write(img.content)
                print('正在下载 %s的第 %d张图片' % (key_word, download_sum))
                download_sum += 1
                if download_sum >= download_max:
                    break
        except:
            continue
    print('下载完成')
```

下载的图像并不全部是完整可用的，有些图像可能是被损坏的，有些图像可能格式不正确等，所以必须把这些图像删除。手动逐幅删除非常耗时，我们可以使用以下程序实现对或格式不正确的图像损坏图像的删除。使用 os.listdir() 函数可以获取全部已下载图像的路径，使用 imghdr.what() 函数获取图像的格式，不是 JPEG 和 PNG 格式的图像都删除，使用 numpy.array() 函数把灰度图像也都删除。再使用 delete_error_image() 函数删除损坏的图像，就留下 JPEG 或 PNG 格式的彩色图像。

```
def delete_error_image(father_path):
    image_dirs = os.listdir(father_path)
    for image_dir in image_dirs:
        image_dir = os.path.join(father_path, image_dir)
        if os.path.isdir(image_dir):
            images = os.listdir(image_dir)
            for image in images:
                image = os.path.join(image_dir, image)
                try:
                    image_type = imghdr.what(image)
                    if image_type is not 'jpeg' and image_type is not 'png':
                        os.remove(image)
                        print('已删除: %s' % image)
                        continue
                    img = numpy.array(Image.open(image))
```

```
                    if len(img.shape) is 2:
                        os.remove(image)
                        print('已删除: %s' % image)
                except:
                    os.remove(image)
                    print('已删除: %s' % image)
```

最后在程序入口调用上文的 download_image() 函数和 delete_error_image() 函数完成图像收集工作，key_words 使用字典类型是为了在保存图像时使用英文路径。

```
if __name__ == '__main__':
    key_words = {'西瓜': 'watermelon', '哈密瓜': 'cantaloupe',
                 '樱桃': 'cherry', '苹果': 'apple',
                 '葡萄': 'grape', '梨': 'pear'}
    # 下载图像
    max_sum = 300
    for key_word in key_words:
        save_name = key_words[key_word]
        download_image(key_word, save_name, max_sum)
    # 删除错误图片
    delete_error_image('images/')
```

完成图像收集工作之后，还需要检查每个类别的图像是否正确。这是因为从网络下载的图像有很大的不确定性，如我们想要下载的是苹果这类水果的图像，但是有可能会下载苹果手机的图像，这样就需要我们人工检查并删除这些错误的图像。

11.3 为图像数据集生成图像列表

收集完图像之后，在训练之前还需要为这些图像生成一个图像列表，该列表的每一行都是图像的路径和该图像所对应的类别标签，它们之间使用制表符分开。下面的 create_data_list.py 程序就是为我们上面收集的图像生成一个图像列表。该程序会生成两个图像列表，一个为训练图像列表，另一个为测试图像列表，它们的比例为 9 : 1。由于篇幅受限，如下仅为生成图像列表的核心代码，更多代码需要在本项目的 GitHub 代码仓库查看。

```
import os
def create_data_list(data_root_path):
    # 获取所有类别
    class_dirs = os.listdir(data_root_path)
    # 类别标签
    class_label = 0
    # 读取每个类别
    for class_dir in class_dirs:
        print('正在读取类别: %s' % class_dir)
        class_sum = 0
        path = data_root_path + "/" + class_dir
        img_paths = os.listdir(path)
        for img_path in img_paths:
            # 每张图片路径
            name_path = class_dir + '/' + img_path
            # 每10张图取一个作为测试图像
            if class_sum % 10 == 0:
                with open(data_root_path + "test.list", 'a') as f:
                    f.write(name_path + "\t%d" % class_label + "\n")
            else:
                with open(data_root_path + "train.list", 'a') as f:
                    f.write(name_path + "\t%d" % class_label + "\n")
            class_sum += 1
        class_label += 1
if __name__ == '__main__':
    data_root_path = "images/"
    create_data_list(data_root_path)
```

执行这个程序，输出信息如下，程序会把每一个类别都逐一生成图像列表。

```
正在读取类别: apple
正在读取类别: cantaloupe
正在读取类别: carrot
正在读取类别: cherry
正在读取类别: cucumber
正在读取类别: watermelon
图像列表已生成
```

生成的图像列表格式如下，每行的前一部分为图像的路径，后一部分为该图像的类别标签。

```
carrot/be681e6e-31e5-11e9-8e44-3c970e769528.jpg    2
carrot/d8c9d11a-31e4-11e9-b448-3c970e769528.jpg    2
cherry/0392c78a-31e3-11e9-a24c-3c970e769528.jpg    3
cherry/0939f468-31e4-11e9-a214-3c970e769528.jpg    3
cherry/0a8b3e30-31e4-11e9-b5e3-3c970e769528.jpg    3
```

11.4 定义神经网络模型

编写一个 mobilenet_v1.py 文件用来构建本章的神经网络模型，本章我们使用的是 MobileNetV1 神经网络模型。MobileNetV1 是 Google 公司针对手机等嵌入式设备提出的一种轻量级的深层神经网络，它的核心思想就是使用大量的深度可分离卷积，可以有效减少模型参数，从而减小训练时的模型文件大小。太大的模型文件是不利于迁移到移动设备上的，如果我们需要把模型文件迁移到 Android 手机应用上，那么模型文件的大小就会直接影响应用安装包的大小。在减少模型参数的同时，MobileNetV1 还提高了模型的预测速度，因为移动端设备的计算能力远不及服务器，所以在移动端必须使用预测速度较快的模型。

以下程序使用 PaddlePaddle 定义了 MobileNetV1 神经网络模型。首先定义一个带有 BN 层的二维卷积，这是深度可分离卷积的主要结构。

```
import paddle.fluid as fluid
def conv_bn_layer(input, filter_size, num_filters, stride,
                  padding, num_groups=1, act='relu', use_cudnn=True):
    conv = fluid.layers.conv2d(input=input,
                               num_filters=num_filters,
                               filter_size=filter_size,
                               stride=stride,
                               padding=padding,
                               groups=num_groups,
                               use_cudnn=use_cudnn,
                               bias_attr=False)
    return fluid.layers.batch_norm(input=conv, act=act)
```

接着定义一个深度可分离卷积。上面介绍了 MobileNetV1 使用了大量的深度可分离卷积——深度可分离卷积结合了深度卷积和逐点卷积。深度卷积是对输入图像单个通道做卷积，比如一张三通道的图像，那么深度卷积的卷积核数量就是 3 个，且卷积核大小为 3×3，这种卷积的计算量要比普通的卷积少，所以非常适合移动设备使用。深度卷积对于各个通道来说都是单独计算的，没有结合各个通道的特征关联，所以就需要逐点卷积把各个通道的特征结合在一起。逐点卷积与普通的卷积运算很相似，最大的不同是卷积核的大小只有 1×1。图 11-1 所示为普通卷积和深度可分离卷积的结构图。

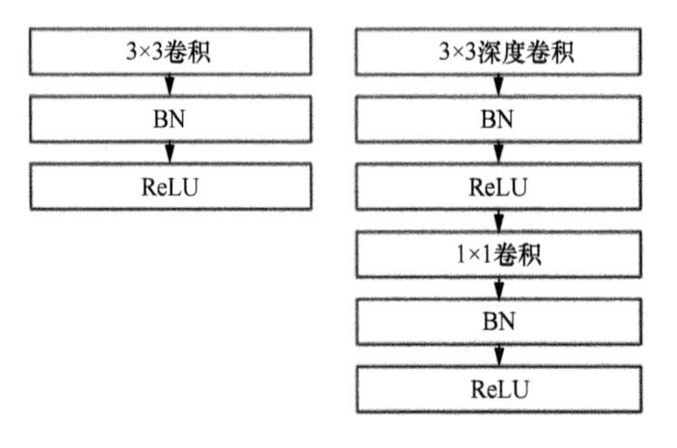

图11-1　普通卷积和深度可分离卷积的结构图

使用上面定义的 conv_bn_layer() 函数创建一个深度可分离卷积。根据深度可分离卷积的结构，定义了一个深度卷积 depthwise_conv 和逐点卷积 pointwise_conv，这两个卷积组成了一个深度可分离卷积。

```
    def depthwise_separable(input, num_filters1, num_filters2, num_
groups, stride, scale):
        depthwise_conv = conv_bn_layer(input=input,
                                       filter_size=3,
                                       num_filters=int(num_filters1 * scale),
                                       stride=stride,
                                       padding=1,
                                       num_groups=int(num_groups * scale),
                                       use_cudnn=False)
        pointwise_conv = conv_bn_layer(input=depthwise_conv,
                                       filter_size=1,
                                       num_filters=int(num_filters2 * scale),
```

```
                                     stride=1,
                                     padding=0)
    return pointwise_conv
```

MobileNetV1 除了第 1 层为普通卷积层，其他层都为深度可分离卷积层，最后是一个池化层和全连接层。MobileNetV1 的结构如图 11-2 所示。

模型类型/步长	卷积核形状	输入大小
Conv / s2	3 × 3 × 3 × 32	224 × 224 × 3
Conv dw / s1	3 × 3 × 32 dw	112 × 112 × 32
Conv / s1	1 × 1 × 32 × 64	112 × 112 × 32
Conv dw / s2	3 × 3 × 64 dw	112 × 112 × 64
Conv / s1	1 × 1 × 64 × 128	56 × 56 × 64
Conv dw / s1	3 × 3 × 128 dw	56 × 56 × 128
Conv / s1	1 × 1 × 128 × 128	56 × 56 × 128
Conv dw / s2	3 × 3 × 128 dw	56 × 56 × 128
Conv / s1	1 × 1 × 128 × 256	28 × 28 × 128
Conv dw / s1	3 × 3 × 256 dw	28 × 28 × 256
Conv / s1	1 × 1 × 256 × 256	28 × 28 × 256
Conv dw / s2	3 × 3 × 256 dw	28 × 28 × 256
Conv / s1	1 × 1 × 256 × 512	14 × 14 × 256
5× Conv dw / s1 Conv / s1	3 × 3 × 512 dw 1 × 1 × 512 × 512	14 × 14 × 512 14 × 14 × 512
Conv dw / s2	3 × 3 × 512 dw	14 × 14 × 512
Conv / s1	1 × 1 × 512 × 1024	7 × 7 × 512
Conv dw / s2	3 × 3 × 1024 dw	7 × 7 × 1024
Conv / s1	1 × 1 × 1024 × 1024	7 × 7 × 1024
Avg Pool / s1	Pool 7 × 7	7 × 7 × 1024
FC / s1	1024 × 1000	1 × 1 × 1024
Softmax / s1	Classifier	1 × 1 × 1000

图11-2 MobileNetV1的结构

根据图 11-2 定义的 MobileNetV1 结构，利用上面定义的普通卷积和深度可分离卷积搭建一个 MobileNetV1 神经网络模型，如下的程序片段就使用 PaddlePaddle 搭建了一个 MobileNetV1 神经网络模型。

```
def net(input, class_dim, scale=1.0):
    # conv1: 112×112
    input = conv_bn_layer(input, 3, int(32 * scale), 2, 1)
```

```
    # 56×56
    input = depthwise_separable(input, 32, 64, 32, 1, scale)
    input = depthwise_separable(input, 64, 128, 64, 2, scale)
    # 28×28
    input = depthwise_separable(input, 128, 128, 128, 1, scale)
    input = depthwise_separable(input, 128, 256, 128, 2, scale)
    # 14×14
    input = depthwise_separable(input, 256, 256, 256, 1, scale)
    input = depthwise_separable(input, 256, 512, 256, 2, scale)
    # 14×14
    for i in range(5):
        input = depthwise_separable(input, 512, 512, 512, 1, scale)
    # 7×7
    input = depthwise_separable(input, 512, 1024, 512, 2, scale)
    input = depthwise_separable(input, 1024, 1024, 1024, 1, scale)
    feature = fluid.layers.pool2d(input=input,
                                  pool_size=0,
                                  pool_stride=1,
                                  pool_type='avg',
                                  global_pooling=True)
    net = fluid.layers.fc(input=feature,
                          size=class_dim,
                          act='softmax')
    return net
```

11.5 PaddlePaddle读取训练数据

我们生成了图像列表，那么该如何把这些数据读取到 PaddlePaddle 中进行训练呢？下面我们就创建一个 reader.py 文件用于读取数据。首先导入所需的库，其中 cpu_count 库用于获取当前计算机拥有几个 CPU，然后使用多线程读取数据。

```
import os
import random
from multiprocessing import cpu_count
import numpy as np
import paddle
from PIL import Image
```

train_mapper() 函数对图像进行预处理，如训练的时候需要统一图片的大小，该函数使用了多种数据增强的方式，如水平翻转、随机裁剪等，这些方式都可以让有限的图片数据集在训练的时候成倍增加。因为 PIL 打开图片时的数据存储顺序为 H、W、C。PaddlePaddle 要求数据顺序为 C、H、W，所以需要对数据进行顺序转换。同时要将图像转换为 BGR 模式①。最后该函数返回的是处理后的数据和其对应的标签。

这里再简单介绍一下数据增强。数据增强能增加数据集的数量，提高模型的泛化能力。如对图像进行水平翻转，对我们人类来说，这张图像还是原来的图像，但是对计算机来说，数据的顺序全部都变了，所以计算机认为这是两幅不同的图像，这样就相当于增加了图像的数量。随机裁剪也是同样的道理。

数据增强分为在线增强和离线增强两种。离线增强是直接对图像进行处理，数据集的图像已经是原始图像经过增强处理的；在线增强是在训练过程中，在读取图像的同时对图像进行数据增强操作，如本章使用的就是在线增强。

```
def train_mapper(sample):
    img_path, label, crop_size, resize_size = sample
    img = Image.open(img_path)
    # 统一图像大小
    img = img.resize((resize_size, resize_size), Image.ANTIALIAS)
    # 水平翻转
    if random.random() > 0.5:
        img = img.transpose(Image.FLIP_LEFT_RIGHT)
    # 随机裁剪
    r4 = random.randint(0, int(resize_size - crop_size))
    r5 = random.randint(0, int(resize_size - crop_size))
    box = (r4, r5, r4 + crop_size, r5 + crop_size)
    img = img.crop(box)
    # 把图像转换成NumPy值
    img = np.array(img).astype(np.float32)
    # 转换成C、H、W
    img = img.transpose((2, 0, 1))
    # 转换成BGR
    img = img[(2, 1, 0), :, :] / 255.0
```

① BGR：光学三原色 B（蓝）、G（绿）、R（红）。常用的有 BGR 模式和 RGB 模式。

```
        return img, int(label)
```

上面的函数是对训练图像进行预处理的，以下函数用于读取图像列表，获取图像的路径和标签，并把路径和标签传递给上面的图像预处理函数进行处理。这里使用了PaddlePaddle 的 paddle.reader.xmap_readers() 函数，该函数的第 1 个参数为一个预处理的函数，就是上面定义的 train_mapper() 函数；第 2 个参数是一个生成器的函数，它利用 yield 关键词把参数传递给预处理函数；第 3 个参数指定使用多少个线程进行数据读取；第 4 个参数读取数据的队列的大小。

```
    def train_reader(train_list_path, crop_size, resize_size):
        father_path = os.path.dirname(train_list_path)
        def reader():
            with open(train_list_path, 'r') as f:
                lines = f.readlines()
                # 打乱图像列表
                np.random.shuffle(lines)
                # 开始获取图像和标签
                for line in lines:
                    img, label = line.split('\t')
                    img = os.path.join(father_path, img)
                    yield img, label, crop_size, resize_size
        return paddle.reader.xmap_readers(train_mapper, reader, cpu_
count(), 102400)
```

test_mapper() 函数是对测试图像进行预处理的函数。因为只是测试时使用，所以不需要执行数据增强操作，只需要把图像缩放到指定大小，并转换图像的数据存储顺序和对图像进行归一化即可。

```
    def test_mapper(sample):
        img, label, crop_size = sample
        img = Image.open(img)
        # 统一图像大小
        img = img.resize((crop_size, crop_size), Image.ANTIALIAS)
        # 转换成NumPy值
        img = np.array(img).astype(np.float32)
        # 转换成C、H、W
        img = img.transpose((2, 0, 1))
        # 转换成BGR
```

```
        img = img[(2, 1, 0), :, :] / 255.0
        return img, int(label)
```

test_reader() 函数是获取测试数据的函数。相比获取训练数据的函数，这里少了打乱图像的数据存储顺序的操作，因为在测试中不需要这种随机操作，测试是为了检验模型在测试集中的预测准确率，这些随机操作并不会起到太大作用。

```
    def test_reader(test_list_path, crop_size):
        father_path = os.path.dirname(test_list_path)
        def reader():
            with open(test_list_path, 'r') as f:
                lines = f.readlines()
                for line in lines:
                    img, label = line.split('\t')
                    img = os.path.join(father_path, img)
                    yield img, label, crop_size
        return paddle.reader.xmap_readers(test_mapper, reader, cpu_
count(), 1024)
```

11.6 训练模型

万事俱备，就可以开始训练模型了。我们创建一个 train.py 文件用于训练模型，首先导入所需的包，其中 mobilenet_v1 库是我们定义的 MobileNetV1 神经网络模型，reader 库是我们定义读取自定义数据的工具。

```
    import os
    import shutil
    import mobilenet_v1
    import paddle as paddle
    import reader
    import paddle.fluid as fluid
```

定义输入层。crop_size 是裁剪的图像的大小，也就是项目模型的输入大小。resize_size 设置把图像统一缩放到指定大小，方便随机裁剪图像。输入的图像是一个彩色图，所以再加上批量大小，设置它的形状应该是 [None，3，224，224]。

```
    crop_size = 224
    resize_size = 250
    image = fluid.data(name='image', shape=[None, 3, crop_size, crop_
size],
                              dtype='float32')
    label = fluid.data(name='label', shape=[None, 1], dtype='int64')
```

接着获取 MobileNetV1 神经网络模型的分类器，传入的第一个参数就是上面定义的输入层，第二个参数是分类的类别大小，如我们这次爬取了 6 个类别的图像，那么参数为 6。如果读者使用了其他自定义的类别，则需要根据自己的类别数量修改参数。

```
    model = mobilenet_v1.net(image, 6)
```

下面获取损失函数和准确率函数，还有测试程序和优化方法。我们还是使用 Adam 优化方法，相比之前，这里的 Adam 优化方法增加了 L2 正则。这是因为爬取的图片数量太少，在训练时容易过拟合，所以加上 L2 正则一定程度上可以抑制过拟合。

```
    cost = fluid.layers.cross_entropy(input=model, label=label)
    avg_cost = fluid.layers.mean(cost)
    acc = fluid.layers.accuracy(input=model, label=label)
    test_program = fluid.default_main_program().clone(for_test=True)
    l2 = fluid.regularizer.L2DecayRegularizer(1e-4)
    optimizer = fluid.optimizer.AdamOptimizer(learning_rate=1e-3,
                                                regularization=l2)
    opts = optimizer.minimize(avg_cost)
```

之前获取训练数据和测试数据都是调用 PaddlePaddle 内置的函数获取的。本章使用的是自定义读取数据的函数，该函数通过参数传递图像列表路径和裁剪图像的大小，最后在训练时就可以获取所需的训练数据。

```
    train_reader = paddle.batch(
        reader=reader.train_reader('images/train.list',
                                   crop_size, resize_size), batch_
size=32)
    test_reader = paddle.batch(
```

```
        reader=reader.test_reader('images/test.list',
                                  crop_size), batch_size=32)
```

创建执行器准备开始训练。建议使用 GPU 进行训练，因为我们训练的图片比较大，所以使用 CPU 训练速度会相当慢，同时很容易导致计算机卡死。

```
    place = fluid.CUDAPlace(0)
    # place = fluid.CPUPlace()
    exe = fluid.Executor(place)
    exe.run(fluid.default_startup_program())

    feeder = fluid.DataFeeder(place=place, feed_list=[image, label])
```

开始训练。本章的训练与之前的训练一样，没有任何的区别，训练过程我们在前面的章节已经重复了许多遍，甚至在训练时可以使用第 10 章介绍的 Visual DL 工具对训练进行可视化。

```
    for pass_id in range(100):
        for batch_id, data in enumerate(train_reader()):
            train_cost, train_acc = exe.run(program=fluid.default_main_
program(),
                                            feed=feeder.feed(data),
                                            fetch_list=[avg_cost, acc])
            if batch_id % 100 == 0:
                print('Pass:%d, Batch:%d, Cost:%0.5f, Accuracy:%0.5f' %
                      (pass_id, batch_id, train_cost[0], train_acc[0]))
        test_accs = []
        test_costs = []
        for batch_id, data in enumerate(test_reader()):
            test_cost, test_acc = exe.run(program=test_program,
                                          feed=feeder.feed(data),
                                          fetch_list=[avg_cost, acc])
            test_accs.append(test_acc[0])
            test_costs.append(test_cost[0])
        test_cost = (sum(test_costs) / len(test_costs))
        test_acc = (sum(test_accs) / len(test_accs))
        print('Test:%d, Cost:%0.5f, Accuracy:%0.5f' % (pass_id, test_
cost, test_acc))
```

在训练过程中，会输出以下的训练日志。可以看到 MobileNetV1 神经网络模型在收敛，准确率一直在上升，这说明我们训练自己的数据集成功了。

```
Pass:0, Batch:0, Cost:1.84754, Accuracy:0.15625
Test:0, Cost:4.66276, Accuracy:0.17857
Pass:1, Batch:0, Cost:1.04008, Accuracy:0.59375
Test:1, Cost:1.23828, Accuracy:0.54464
Pass:2, Batch:0, Cost:1.04778, Accuracy:0.65625
Test:2, Cost:0.99189, Accuracy:0.64286
Pass:3, Batch:0, Cost:1.21555, Accuracy:0.65625
Test:3, Cost:1.01552, Accuracy:0.57589
Pass:4, Batch:0, Cost:0.64620, Accuracy:0.81250
Test:4, Cost:1.19264, Accuracy:0.63393
```

在训练过程中，我们还可以保存预测模型，用于之后的图像预测。第 14 章和第 15 章也会使用本章的预测模型，我们可以在每一轮训练的时候保存一次预测模型。

```
save_path = 'models/'
shutil.rmtree(save_path, ignore_errors=True)
os.makedirs(save_path)
fluid.io.save_inference_model(dirname=save_path,
                              feeded_var_names=[image.name],
                              target_vars=[model],
                              executor=exe)
```

11.7　预测模型

这里创建一个 infer.py 文件用于编辑预测图像。首先导入 PaddlePaddle 的库和其他工具库创建一个执行器，并从预测模型中获取预测程序、模型的输入层名称和模型的输入层。

```
import paddle.fluid as fluid
from PIL import Image
import numpy as np
place = fluid.CPUPlace()
exe = fluid.Executor(place)
exe.run(fluid.default_startup_program())
```

```
save_path = 'models/'
[infer_program,
 feeded_var_names,
 target_var] = fluid.io.load_inference_model(dirname=save_path,
                                              executor=exe)
```

然后定义一个图像预处理函数。根据我们之前编写的 reader.py 程序，图像预处理函数的定义如下：首先将图像缩放到 224px×224px，然后将其转换为 NumPy 数据，并把图像的数据存储顺序转换为 C、H、W 顺序，最后对图像归一化。

```
def load_image(file):
    img = Image.open(file)
    img = img.resize((224, 224), Image.ANTIALIAS)
    img = np.array(img).astype(np.float32)
    img = img.transpose((2, 0, 1))
    img = img[(2, 1, 0), :, :] / 255.0
    img = np.expand_dims(img, axis=0)
    return img
```

最后调用定义的图像预处理函数获取图像数据，并进行预测，获取预测结果。

```
img = load_image('image/apple.jpg')
result = exe.run(program=infer_program,
                 feed={feeded_var_names[0]: img},
                 fetch_list=target_var)
```

进行预测后获取的结果是 6 个水果类别的概率，通过下面代码，最大概率的标签对应的 names 列表中的名称就是我们的预测结果。

```
lab = np.argsort(result)[0][0][-1]
names = ['苹果', '哈密瓜', '樱桃', '葡萄', '梨','西瓜']
print('预测结果标签为：%d，名称为：%s，概率为：%f' % (
    lab, names[lab], result[0][0][lab]))
```

11.8 本章小结

本章从图像的收集、图像的标注、图像数据的读取，再到最后的模型训练进行了完整的介绍。通过本章的学习，我们应该掌握如何使用自己的图像数据集进行训练，最后利用预测模型预测自己的图像。在实际的图像识别项目中，基本都使用自定义的图像数据集，所以本章对图像的读取方式在实际开发中会经常用到。对图像数据的读取，PaddlePaddle 提供了很多高效读取图像数据集的函数，本章只介绍了其中的一种，更多的读取方式还需要读者往后学习。

第12章 自定义文本数据集分类项目实战——新闻标题分类

12.1 自定义文本数据集

我们在第 5 章的学习中，使用循环神经网络实现了一个电影评论情感分析的文本分类模型，其中使用的数据集是 PaddlePaddle 内置的 IMDb 数据集，我们并没有学习如何使用 PaddlePaddle 训练自定义的文本数据集分类，本章我们就来学习如何使用 PaddlePaddle 读取自定义文本数据集并训练文本分类模型。我们将会从文本数据集的获取、文本数据集的制作、训练模型和使用预测模型预测文本数据这 4 个步骤逐一展开介绍。

12.2 新闻标题分类实战——获取文本数据集

在训练之前，需要获取一个文本数据集，这次我们准备收集新闻标题作为训练数据集。这些标题分为民生、文化、娱乐等 15 个类别。创建一个 download_text_data.py 文件用于下载这些文本数据集。由于篇幅受限，这里只提供关键代码，完整的代码请到本书的 GitHub 代码仓库上查看。下面的 news_classify 列表指定下载的新闻标题的类别名称。

```
import os
import random
import requests
import json
import time
# 分类新闻参数
news_classify = [
    [0, '民生', 'news_story'],
    [1, '文化', 'news_culture'],
    [2, '娱乐', 'news_entertainment'],
    [3, '体育', 'news_sports'],
    [4, '财经', 'news_finance'],
    [5, '房产', 'news_house'],
    [6, '汽车', 'news_car'],
    [7, '教育', 'news_edu'],
    [8, '科技', 'news_tech'],
    [9, '军事', 'news_military'],
    [10, '旅游', 'news_travel'],
    [11, '国际', 'news_world'],
    [12, '证券', 'stock'],
    [13, '农业', 'news_agriculture'],
    [14, '游戏', 'news_game']
]
downloaded_data_id = []
downloaded_sum = 0
```

实现一个 get_data() 函数用于下载每个类别的新闻标题，使用 requests.request() 函数访问指定类别新闻的标题内容，通过指定请求参数获取新闻类别和新闻的发布时间。函数返回的 new_data 是一个 JSON 格式的数据，其中 item['item_id'] 可以获取该新闻的 ID，item['title'] 可以获取该新闻的标签，最后通过指定格式把这些文本数据写入文件中。

```
def get_data(tup, data_path):
    global downloaded_data_id
    global downloaded_sum
    print('============%s============' % tup[1])
```

```
    response = requests.request("GET", url, headers=headers, params=querystring)
    new_data = json.loads(response.text)
    with open(data_path, 'a', encoding='utf-8') as fp:
        for item in new_data['data']:
            item = item['content']
            item = item.replace('\"', '"')
            item = json.loads(item)
            # 判断数据中是否包括ID和新闻标题
            if 'item_id' in item.keys() and 'title' in item.keys():
                item_id = item['item_id']
                print(downloaded_sum, tup[0], tup[1],
                      item['item_id'], item['title'])
                # 通过新闻ID判断是否已经下载过
                if item_id not in downloaded_data_id:
                    downloaded_data_id.append(item_id)
                    line = u"{}_!_{}_!_{}_!_{}".format(
                        item['item_id'], tup[0], tup[1], item['title'])
                    line = line.replace('\n', '').replace('\r', '')
                    line = line + '\n'
                    fp.write(line)
                    downloaded_sum += 1
```

有时候文本数据不是一次性全部下载完的，有可能中途会停止下载。为了避免下载文本数据的时候再次重复保存之前的文本数据，实现一个 get_old_data() 函数，用于读取之前已经下载过的新闻 ID。之后下载文本数据时，使用这个新闻 ID 判断该文本数据是否已经下载过。最后根据 news_classify 定义的新闻类别不断下载新闻标题。

```
def get_old_data(data_path):
    global downloaded_sum
    if os.path.exists(data_path):
        with open(data_path, 'r', encoding='utf-8') as fp:
            lines = fp.readlines()
            downloaded_sum = len(lines)
            for line in lines:
                item_id = int(line.split('_!_')[0])
                downloaded_data_id.append(item_id)
            print('在文件中已经读取了%d条数据' % downloaded_sum)
    else:
        os.makedirs(os.path.dirname(data_path))
    while 1:
```

```
            time.sleep(10)
            for classify in news_classify:
                get_data(classify, data_path)
            if downloaded_sum >= 300000:
                break
if __name__ == '__main__':
    data_path = 'datasets/news_classify_data.txt'
    get_old_data(data_path)
```

使用上面的程序最终会下载到如下格式的数据。每条文本数据用“_!_”字符串分隔，其中第 1 个部分为新闻的 ID，第 2 个部分为新闻类别的标签，第 3 个部分为新闻类别的中文名称，第 4 个部分为新闻的标题。

```
6551700932705387022_!_1_!_文化_!_京城最值得你来场文化之旅的博物馆
6552368441838272771_!_1_!_文化_!_发酵床的垫料种类有哪些？哪种更好？
```

12.3 对爬取数据进行预处理和存储

上面使用 download_text_data.py 文件下载的是文本数据，但是 PaddlePaddle 只能接受浮点型和整型数据用于训练，对于我们下载的文本数据，需要把它们转换成整型的数据。转换的方式是把单个文字对应其唯一的 ID，最后把全部的字转换成数字。

创建一个 create_data.py 文件，用于本次制作文本数据集。上面提到每一个字都需要对应唯一的 ID，所以我们需要用一个字典来表示每个字所对应的 ID。定义 create_dict() 函数用于生成本次文本数据集的字典。首先创建一个集合 dict_set，集合的特点就是里面的字符不会重复，这有利于我们获取文本数据集中全部的字符，其次为文本数据集中出现过的字都生成一个 ID，为了避免之后预测的文本中出现文本数据集中没有出现的字，所以又定义了一个 <unk> 用于标记该文本数据集之外的所有字。

```
import os
def create_dict(data_path, dict_path):
    dict_set = set()
```

```
    with open(data_path, 'r', encoding='utf-8') as f:
        lines = f.readlines()
    for line in lines:
        title = line.split('_!_')[-1].replace('\n', '')
        for s in title:
            dict_set.add(s)
    dict_list = []
    i = 0
    for s in dict_set:
        dict_list.append([s, i])
        i += 1
    dict_txt = dict(dict_list)
    end_dict = {"<unk>": i}
    dict_txt.update(end_dict)
    with open(dict_path, 'w', encoding='utf-8') as f:
        f.write(str(dict_txt))
    print("数据字典生成完成！")
```

根据上面生成的字典，我们就可以开始制作文本数据集了。首先读取字典中的字符，然后再从下载的文本数据集中开始读取数据，把每一条数据按照字典中字符对应的 ID 生成一个数据类别。生成的数据类别分为两部分，它们由制表符分隔，前一部分是已经由文本数据转换为整型 ID 的数据，后一部分是这条数据对应的类别标签。另外 create_data_list() 函数最终会生成训练数据列表文件 train_list.txt 和测试数据列表文件 test_list.txt，它们的比例为 9 ： 1。

```
def create_data_list(data_root_path):
    with open(os.path.join(data_root_path, 'dict_txt.txt'),
              'r', encoding='utf-8') as f_data:
        dict_txt = eval(f_data.readlines()[0])
    with open(os.path.join(data_root_path, 'news_classify_data.txt'),
              'r', encoding='utf-8') as f_data:
        lines = f_data.readlines()
    i = 0
    for line in lines:
        title = line.split('_!_')[-1].replace('\n', '')
        l = line.split('_!_')[1]
        labs = ""
        if i % 10 == 0:
            with open(os.path.join(data_root_path, 'test_list.txt'),
```

```
                    'a', encoding='utf-8') as f_test:
                for s in title:
                    lab = str(dict_txt[s])
                    labs = labs + lab + ','
                labs = labs[:-1]
                labs = labs + '\t' + l + '\n'
                f_test.write(labs)
        else:
            with open(os.path.join(data_root_path, 'train_list.txt'),
                    'a', encoding='utf-8') as f_train:
                for s in title:
                    lab = str(dict_txt[s])
                    labs = labs + lab + ','
                labs = labs[:-1]
                labs = labs + '\t' + l + '\n'
                f_train.write(labs)
        i += 1
    print("数据列表生成完成！")
```

在定义模型的时候需要使用字典中字符的个数，所以这里还定义了获取字典字符个数的 get_dict_len() 函数。

```
def get_dict_len(dict_path):
    with open(dict_path, 'r', encoding='utf-8') as f:
        line = eval(f.readlines()[0])
    return len(line.keys())
```

依次执行创建字典函数的 create_dict() 和创建数据列表的函数 create_data_list()。执行这两个函数之后，会在 datasets 目录下生成 train_list.txt 和 test_list.txt 这两个数据列表文件。

```
if __name__ == '__main__':
    data_root_path = "datasets/"
    data_path = os.path.join(data_root_path, 'news_classify_data.txt')
    dict_path = os.path.join(data_root_path, "dict_txt.txt")
    # 创建字典
    create_dict(data_path, dict_path)
    # 创建数据列表
    create_data_list(data_root_path)
```

数据列表格式如下，前一部分为 ID，后一部分为该条数据所对应的类别标签。

```
1328,5733,555,4953,1452,4142,783,1652,5824  1
622,5702,297,1110,1408,813,3332,1738,4082,5798 1
```

12.4 定义BiLSTM模型

对于较长的序列数据，循环神经网络在训练过程中容易出现梯度消失或爆炸现象，因此研究人员提出了长短期记忆（Long Short Term Memory，LSTM）网络来解决这个问题，它是循环神经网络的一种变体。长短期记忆网络由于其设计的特点，非常适合用于对时序数据建模，如文本数据等。本节使用的是双向长短期记忆（Bi-directional Long Short Term Memory，BiLSTM）网络，它是由前向 LSTM 与后向 LSTM 组合而成的。使用 fluid.layers.dynamic_lstm() 函数能获取前向和后向两种不同的 LSTM，然后使用 fluid.layers.concat() 函数把这两个 LSTM 拼接在一起，最后加上全连接层输出分类结果，这样就组建成了 BiLSTM 模型。

```
import paddle.fluid as fluid
def bilstm_net(data, dict_dim, class_dim, emb_dim=128, hid_
dim=128, hid_dim2=96, emb_lr=30.0):
    emb = fluid.embedding(input=data,
                          size=[dict_dim, emb_dim],
                          param_attr=fluid.ParamAttr(learning_
rate=emb_lr))
    fc0 = fluid.layers.fc(input=emb, size=hid_dim * 4)
    rfc0 = fluid.layers.fc(input=emb, size=hid_dim * 4)
     lstm_h, c = fluid.layers.dynamic_lstm(input=fc0, size=hid_
dim * 4, is_reverse=False)
     rlstm_h, c = fluid.layers.dynamic_lstm(input=rfc0, size=hid_
dim * 4, is_reverse=True)
    lstm_last = fluid.layers.sequence_last_step(input=lstm_h)
    rlstm_last = fluid.layers.sequence_last_step(input=rlstm_h)
    lstm_concat = fluid.layers.concat(input=[lstm_last, rlstm_last], axis=1)
    fc1 = fluid.layers.fc(input=lstm_concat, size=hid_dim2, act='tanh')
    prediction = fluid.layers.fc(input=fc1, size=class_dim, act='softmax')
    return prediction
```

12.5 读取文本数据集

接下来我们创建 text_reader.py 文件，用于读取文本数据集，代码如下所示。相对图像数据集读取来说，这里的文本数据集读取较为简单。图像数据集需要多种处理方式，而文本数据集并不需要图像数据集的这些处理方式。定义 mapper() 函数用于把文件中的文本数据转换成 Python 的列表数据，返回每一条列表数据和该列表数据对应的类别标签。train_reader() 函数先读取训练数据集中的文本数据，然后随机打乱文本数据，并使用 paddle.reader.xmap_readers() 函数把文本数据传递给 mapper() 函数用于执行预处理操作，最终返回的是一个文本数据的阅读器。

```
from multiprocessing import cpu_count
import numpy as np
import paddle
def mapper(sample):
    data, label = sample
    data = [int(data) for data in data.split(',')]
    return data, int(label)
def train_reader(train_list_path):
    def reader():
        with open(train_list_path, 'r') as f:
            lines = f.readlines()
            # 打乱文本数据
            np.random.shuffle(lines)
            # 开始获取每条数据和标签
            for line in lines:
                data, label = line.split('\t')
                yield data, label
    return paddle.reader.xmap_readers(mapper, reader,
                                      cpu_count(), 1024)
```

因为本章的文本数据集不需要做特殊的预处理操作，所以读取测试数据的函数 test_reader() 和读取训练数据的函数 train_reader() 使用的是同一个数据预处理函数 mapper()。因为是测试数据，所以不需要对文本数据进行打乱操作。

```
def test_reader(test_list_path):
    def reader():
```

```
        with open(test_list_path, 'r') as f:
            lines = f.readlines()
            for line in lines:
                data, label = line.split('\t')
                yield data, label
    return paddle.reader.xmap_readers(mapper, reader,
                                      cpu_count(), 1024)
```

12.6 训练模型

创建一个 train.py 文件用于编写训练程序。首先导入本次训练所需的库，create_data 库是我们上面创建的一个 Python 文件，这里需要使用该文件下的 get_dict_len() 函数用于获取字典大小。text_reader 库用于本次训练读取训练和测试数据。bilstm_net 库是我们定义的 BiLSTM 模型。

```
import os
import shutil
import paddle
import paddle.fluid as fluid
import create_data
import text_reader
import bilstm_net
```

定义 BiLSTM 模型的输入层。本章的每一条数据都是一维的，所以 shape 参数为 [None, 1]，又因为文本数据属于序列数据，所以需要把 lod_level 参数设置为 1。

```
words = fluid.data(name='words', shape=[None, 1], dtype='int64',
                   lod_level=1)
label = fluid.data(name='label', shape=[None, 1], dtype='int64')
```

调用 bilstm_net.bilstm_net() 函数获取 BiLSTM 模型的分类器。其中第一个参数为输入层，第二个参数为文本数据集的字典大小，通过调用 create_data.get_dict_len() 函数可以获取数据集字典的大小，最后一个参数是分类器的大小，因为我们的文本数据有 15 个类别，所以这里分类器的大小是 15。

```
dict_dim = create_data.get_dict_len('datasets/dict_txt.txt')
```

```
model = bilstm_net.bilstm_net(words, dict_dim, 15)
```

定义损失函数、准确率函数，复制预测程序并定义优化方法。这里使用的优化方法是 AdaGrad，AdaGrad 优化方法多用于处理稀疏数据，本章使用的文本数据集就是一种稀疏数据。最后还要创建一个执行器来开始训练。

```
cost = fluid.layers.cross_entropy(input=model, label=label)
avg_cost = fluid.layers.mean(cost)
acc = fluid.layers.accuracy(input=model, label=label)

test_program = fluid.default_main_program().clone(for_test=True)

optimizer = fluid.optimizer.AdagradOptimizer(learning_rate=0.002)
opt = optimizer.minimize(avg_cost)

place = fluid.CUDAPlace(0)
exe = fluid.Executor(place)
exe.run(fluid.default_startup_program())
```

获取训练数据和测试数据。读取 create_data.py 生成的 train_list.txt 和 test_list.txt 获取训练数据和测试数据，然后使用 fluid.DataFeeder() 函数指定本次训练数据的顺序。

```
train_reader = paddle.batch(reader=text_reader.
                            train_reader('datasets/train_list.txt'),
                            batch_size=128)
test_reader = paddle.batch(reader=text_reader.
                           test_reader('datasets/test_list.txt'),
                           batch_size=128)
feeder = fluid.DataFeeder(place=place, feed_list=[words, label])
```

开始训练，每训练 40 批数据输出一次训练日志并执行一次测试，查看 BiLSTM 模型在测试集中的准确率。本次训练是每 40 批数据就进行一次测试，之前的章节都是每一轮才进行一次测试，这样主要是为了更快输出测试日志，测试可以在训练过程中的任何时刻进行。

```
for pass_id in range(10):
    for batch_id, data in enumerate(train_reader()):
```

```
            train_cost, train_acc = exe.run(program=fluid.default_main_
program(),
                                            feed=feeder.feed(data),
                                            fetch_list=[avg_cost, acc])
            if batch_id % 40 == 0:
                print('Pass:%d, Batch:%d, Cost:%0.5f, Acc:%0.5f' % (
                    pass_id, batch_id, train_cost[0], train_acc[0]))
                test_costs = []
                test_accs = []
                for batch_id, data in enumerate(test_reader()):
                    test_cost, test_acc = exe.run(program=test_program,
                                                  feed=feeder.
feed(data),
                                                  fetch_list=[avg_
cost, acc])
                    test_costs.append(test_cost[0])
                    test_accs.append(test_acc[0])
                test_cost = (sum(test_costs) / len(test_costs))
                test_acc = (sum(test_accs) / len(test_accs))
                    print('Test:%d, Cost:%0.5f, ACC:%0.5f' % (pass_
id, test_cost, test_acc))
```

在训练过程中，每训练 40 批数据就输出一次日志。从日志可以看出，随着训练的进行，BiLSTM 模型对新闻标题的分类准确率也在不断上升。读者也可使用 Visual DL 对训练信息进行可视化。

```
Pass:0, Batch:0, Cost:2.70816, Acc:0.07812
Test:0, Cost:2.68423, ACC:0.14427
Pass:0, Batch:40, Cost:2.01647, Acc:0.34375
Test:0, Cost:1.99191, ACC:0.34301
Pass:0, Batch:80, Cost:1.61981, Acc:0.47656
Test:0, Cost:1.69227, ACC:0.46456
Pass:0, Batch:120, Cost:1.40459, Acc:0.57812
Test:0, Cost:1.47188, ACC:0.53961
```

在训练过程中，我们可以随时保存预测模型，用于之后预测新闻标题。

```
    save_path = 'infer_model/'
    shutil.rmtree(save_path, ignore_errors=True)
    os.makedirs(save_path)
    fluid.io.save_inference_model(dirname=save_path,
```

```
                              feeded_var_names=[words.name],
                              target_vars=[model],
                              executor=exe)
```

12.7 预测文本数据

创建一个 infer.py 文件用于预测新闻标题类别，编写下面的程序。首先导入 PaddlePaddle 的库和 NumPy 库，接着获取一个执行器，以及从预测模型中获取预测程序、模型的输入层名称和模型的输入层。

```
import numpy as np
import paddle.fluid as fluid
place = fluid.CPUPlace()
exe = fluid.Executor(place)
exe.run(fluid.default_startup_program())
save_path = 'infer_model/'
[infer_program,
 feeded_var_names,
 target_var] = fluid.io.load_inference_model(dirname=save_path,
                                             executor=exe)
```

定义一个 get_data() 函数，用于对预测文本进行预处理，把一个字符串数据转换成一个整型的列表数据。因为用户需要预测的文本数据是字符串，但是PaddlePaddle 需要的是一个张量数据，所以需要把用户输入的字符串根据之前生成的字典转换成对应的 ID，最终得到的是该文本数据的列表数据，列表中是这些字符串对应的 ID。

```
def get_data(sentence):
    with open('datasets/dict_txt.txt', 'r', encoding='utf-8') as f_
data:
        dict_txt = eval(f_data.readlines()[0])
    dict_txt = dict(dict_txt)
    keys = dict_txt.keys()
    data = []
    for s in sentence:
        if not s in keys:
            s = '<unk>'
        data.append(np.int64(dict_txt[s]))
```

```
        return data
```

有了上面的对预测文本进行预处理的函数，下面就可以读取将要预测的文本数据，通过 get_data() 函数得到的列表数据还需要转换为张量数据。因为输入的预测文本是不定长的，所以需要使用 fluid.create_lod_tensor() 函数把不定长列表数据转换为 PaddlePaddle 的张量数据，该函数的第 1 个参数是需要转换的列表数据，第 2 个参数是这个列表数据的形状，第 3 个参数指定这些列表数据是存放在 GPU 还是 CPU 上。

```
data = []
data1 = get_data('京城最值得你来场文化之旅的博物馆')
data2 = get_data('某主持人为同事澄清网络谣言，之后她的两个行为给自己加分')
data.append(data1)
data.append(data2)

base_shape = [[len(c) for c in data]]
tensor_words = fluid.create_lod_tensor(data, base_shape, place)
```

进行预测，获取每条数据的标签类别。本次同时预测了多条数据，所以输出的预测结果也是多个，我们使用一个 for 循环把这些预测结果逐个提取出来。获取到的类别标签最终可以从 names 列表中找到其对应的中文名称。

```
result = exe.run(program=infer_program,
                 feed={feeded_var_names[0]: tensor_words},
                 fetch_list=target_var)
names = ['民生', '文化', '娱乐', '体育', '财经',
         '房产', '汽车', '教育', '科技', '军事',
         '旅游', '国际', '证券', '农业', '游戏']
for i in range(len(data)):
    lab = np.argsort(result)[0][i][-1]
    print('预测结果标签为：%d，名称为：%s，概率为：%f' % (
        lab, names[lab], result[0][i][lab]))
```

以下为输出的预测结果，从预测结果来看，BiLSTM 模型能够正确地分类这些文本。

```
预测结果标签为：10，名称为：旅游，概率为：0.848075
预测结果标签为：2，名称为：娱乐，概率为：0.894570
```

12.8　本章小结

通过本章的学习，我们能够训练自定义的文本数据集，在实际项目中可以使用自己的数据集训练文本分类模型。文本分类的应用很多，如判断收到的邮件是否为垃圾邮件等，这些都可以使用文本分类模型实现。更多的应用需要读者在实际项目开发中探索，使用人工智能代替以前传统方式，用 AI 技术更好地解决问题。

第 13 章

PaddlePaddle动态图的使用

13.1 PaddlePaddle动态图机制

PaddlePaddle 在 1.5 版本之后提供了动态图（DyGraph）机制，动态图机制最大的特点就是可以立即获得执行结果，无须构建整个计算图[1]。和静态图不同的是，动态图模式下可以立即对所有操作获得执行结果，而不必等待所构建的计算图全部执行完成。静态图需要把所有的网络模型搭建完成，再使用执行器才能获得执行结果。使用了动态图之后，我们可以直接使用 Python 的输出方法随时输出需要查看的执行结果，快速检查正在运行的模型结果从而提高调试效率。同时，动态图减少了大量用于构建静态计算图的代码，使开发过程变得更加便捷。

13.2 搭建动态图模型

动态图模型是以一个对象的方式创建的，动态图模型的类必须要继承

① 计算图：整个模型训练计算的过程，如一个模型结构的损失函数，优化方法等。

PaddlePaddle 的基类 paddle.nn.Layer，继承 paddle.nn.Layer 基类的动态图模型可以直接用于训练，也可以作为其他模型的模块。接下来创建一个 cnn.py 文件，用于搭建本章所需的卷积神经网络。调用基类的 _init_() 函数进行参数初始化，该函数用于初始化不需要依赖输入。在 _init_() 函数中定义动态图模型所需的各种卷积层和池化层，以及全连接层，动态图模型的每个层几乎都在这里定义。和静态图的 API 不同，动态图的卷积层 API 为 paddle.nn.Conv2D()，但是它们的参数几乎相同，最大的不同就是输入图像的通道数，如输入的是灰度图，那么第一个卷积层的 num_channels 参数就为 1，第二个卷积层的卷积核数量就是上一个卷积层的卷积核数量，依次类推。动态图的池化层 API 为 paddle.nn.Conv2D()，参数和静态图几乎一样。在动态图中，实现全连接层使用的是 paddle.nn.Linear() 函数，它有两个必须要指定的参数：input_dim 参数是指线性变换层输入单元的数目，如在该模型中全连接层的上一层输出为通道数为 50、大小为 4×4 的特征值，所以 input_dim 参数值为 50×4×4，即 800；另一个 output_dim 参数是输出大小，对应 fluid.layers.fc() 函数的 size 参数。

```
    import paddle
    class CNN(paddle.nn.Layer):
        def __init__(self):
            super(CNN, self).__init__()
            self.conv1 = paddle.nn.Conv2D(num_channels=1, num_filters=20,
filter_size= 5, act="relu")
            self.conv2 = paddle.nn.Conv2D(num_channels=20, num_filters=50,
filter_size= 5, act="relu")
            self.pool1 = paddle.nn.Pool2D(pool_size=2, pool_type='max', pool_
stride=2)
            self.input_dim = 50 * 4 * 4
            self.fc = paddle.nn.Linear(input_dim=self.input_dim,
output_dim= 10, act='softmax')
```

forward() 函数是一个执行函数，该函数负责实际运行时的网络逻辑的执行，该函数会在每一轮训练和预测中被调用。有了 _init_() 函数定义的计算层，在 forward() 中定义执行逻辑就简单清晰了，在 forward() 函数中直接调用 _init_() 函数定义计算层并组成一个简单的卷积神经网络。之后在训练和预测中调用 CNN 这个类的对象时，都会执行这个函数，最后得到模型的输出结果。这里要注意的是，全连接层的上一层需要使用 paddle.reshape() 函数把数据都转换为一维数据，因为 paddle.nn.Linear() 函数输入的必须是一维数据。

```
def forward(self, inputs):
    x = self.conv1(inputs)
    x = self.pool1(x)
    x = self.conv2(x)
x = self.pool1(x)
x = paddle.reshape(x, shape=[-1, self.input_dim])
    x = self.fc(x)
    return x
```

13.3 训练动态图模型

创建 train.py 文件用于编写动态图模型的训练程序，首先导入 PaddlePaddle 模块和上面定义的神经网络模型。在定义训练或者预测前，使用 padddis.disable_static() 函数可以开启动态图模式，同时该函数还可以指定使用 CPU 或者 GPU 训练，通过 place 参数指定即可。在动态图中，模型是以对象方式存在的，通过 cnn.py 模块中定义的 CNN 类创建一个卷积神经网络模型对象，在创建卷积神经网络模型对象时需要指定卷积神经网络模型对象的参数名称。

在创建卷积神经网络模型对象之后可以加载之前的模型参数文件初始化模型，当然现在还没有模型参数文件，如果已经是训练过并保存了模型参数文件，就可以使用 paddle.imperative.load() 函数加载模型参数文件，使用 cnn.set_dict() 函数将模型文件中的参数值初始化。

```
import os
import numpy as np
import paddle
from cnn import CNN

place = paddle.CPUPlace()
paddle.disable_static(place)
```

```
    BATCH_SIZE = 64
    # 获取卷积神经网络模型
    cnn = CNN()
    # 如果之前已经保存了模型，可以在这里加载模型
    if os.path.exists('models/cnn.pdparams'):
        param_dict, _ = paddle.imperative.load("models/cnn")
        # 加载模型中的参数
        cnn.set_dict(param_dict)
    # 获取优化方法
```

下一步需要定义本次训练所使用的优化方法。在动态图模型中，我们仍然可以使用 paddle.optimizer.MomentumOptimizer() 函数定义一个 Momentum 优化方法。在动态图模型中，必须以 parameter_list 参数指定优化器需要优化的参数，通过 cnn.parameters() 函数即可获取动态图模型的全部参数。在获取训练数据集和测试数据集时，我们可以使用 paddle.dataset.mnist.train() 函数获取训练数据集，使用 paddle.dataset.mnist.test() 函数获取测试数据集。在使用 paddle.batch() 函数时，需要把 drop_last 参数设置为 True，当该参数设置为 True 时，PaddlePaddle 会把最后一批的训练数据删除。这是因为在训练时需要将数据按照 batch_size 参数的大小排列，但通常训练数据集的最后一批数据大小都等于 batch_size，为了避免出错我们需要把最后一批数据删除。

```
    momentum = paddle.optimizer.MomentumOptimizer(learning_rate=1e-3,
                                                  momentum=0.9,
                                                  parameter_list=cnn.
parameters())

    train_reader = paddle.batch(paddle.dataset.mnist.train(), batch_
size=BATCH_SIZE, drop_last=True)
    test_reader = paddle.batch(paddle.dataset.mnist.test(), batch_
size=BATCH_SIZE, drop_last=True)
```

接下来就可以开始训练。在动态图模型中已经不再需要使用执行器，训练数据可以直接载入卷积神经网络模型对象中。但是卷积神经网络模型对象接收的是 Variable 类型数据，所以我们需要对训练数据进行转换。使用 paddle.dataset.

mnist.train() 函数获取的训练数据已经把图像数据和标签数据打包在一起，所以我们需要将它们拆开并按照输入格式进行排列。转换为 NumPy 格式的训练数据之后，需要使用 paddle.imperative.to_variable() 函数把 NumPy 数据转换为 Variable 类型数据。

使用 cnn(img) 为卷积神经网络模型对象加载数据，它相比静态图，这种加载数据的方式更加简单清晰。接着执行准确率函数计算本次训练的准确率，执行交叉熵损失函数获取损失值，获取的损失值需要调用 avg_loss.backward() 函数将参数进行反向传播。每次训练结束之后都需要执行 cnn.clear_gradients() 函数清空参数梯度，以保证下次训练的正确性。

```
    for epoch in range(2):
        for batch_id, data in enumerate(train_reader()):
            dy_x_data = np.array([x[0].reshape(1, 28, 28) for x in data]).astype
('float32')
            y_data = np.array([x[1] for x in data]).astype('int64').reshape
(BATCH_SIZE, 1)
            img = paddle.imperative.to_variable(dy_x_data)
            label = paddle.imperative.to_variable(y_data)
            # 获取模型输出
            predict = cnn(img)
            # 获取准确率函数和交叉熵损失函数
            accuracy = paddle.metric.accuracy(input=predict, label=label)
            loss = paddle.nn.functional.cross_entropy(predict, label)
            avg_loss = paddle.mean(loss)
            # 计算梯度
            avg_loss.backward()
            momentum.minimize(avg_loss)
            cnn.clear_gradients()
            # 输出一次日志
            if batch_id % 100 == 0:
                print(
                    "Epoch:%d, Batch:%d, Loss:%f, Accuracy:%f" % (epoch,
batch_id, avg_loss.numpy(), accuracy.numpy()))
```

每一轮训练结束，我们都可以进行一次预测，在进行预测之前需要执行 cnn.eval() 函数切换为预测模式，然后执行测试函数。测试函数需要在执行之前定义，这里为了方便介绍就把 test_train() 测试函数放在执行之后定义。测试函数和训练类似，同样需要使用 paddle.imperative.to_variable() 函数把 NumPy 数据转换为 Variable 数据。接着分别计算准确率和损失值，然后将这些准确率和损失值求一个平均值。在测试结束之后需要执行 cnn.train() 函数切换到训练模式。

```
        cnn.eval()
        test_cost, test_acc = test_train(test_reader, cnn, BATCH_SIZE)
        cnn.train()
        print("Test:%d, Loss:%f, Accuracy:%f" % (epoch, test_cost, test_acc))

    def test_train(reader, model, batch_size):
        acc_set = []
        avg_loss_set = []
        for batch_id, data in enumerate(reader()):
            dy_x_data = np.array([x[0].reshape(1, 28, 28) for x in data]).
astype('float32')
            y_data = np.array([x[1] for x in data]).astype('int64').reshape(batch_size, 1)
            img = paddle.imperative.to_variable(dy_x_data)
            label = paddle.imperative.to_variable(y_data)
            label.stop_gradient = True
            test_predict = model(img)
            test_accuracy = paddle.metric.accuracy(input=test_predict,
label=label)
            test_loss = paddle.nn.functional.cross_entropy(input=test_predict,
label=label)
            test_avg_loss = paddle.mean(test_loss)
            acc_set.append(float(test_accuracy.numpy()))
            avg_loss_set.append(float(test_avg_loss.numpy()))
        acc_val_mean = np.array(acc_set).mean()
        avg_loss_val_mean = np.array(avg_loss_set).mean()

        return avg_loss_val_mean, acc_val_meann
```

在训练结束之后，可以使用 paddle.imperative.save () 函数保存模型参数。该函数的 state_dict 参数是模型的参数字典，通过 cnn.state_dict() 函数可以获取当前模型的参数字典，model_path 参数指定模型参数文件保存的位置。

```
    if not os.path.exists('models'):
        os.makedirs('models')
    paddle.imperative.save(state_dict=cnn.state_dict(), model_
path="models/cnn")
```

以下为训练过程中输出的日志，该日志与静态图训练输出的日志并无差别。动态图输出日志更加方便，在训练和测试的过程中，我们可以随时输出任何一个计算结果。

```
Epoch:0, Batch:0, Loss:5.370945, Accuracy:0.093750
Epoch:0, Batch:100, Loss:0.405702, Accuracy:0.890625
Epoch:0, Batch:200, Loss:0.268175, Accuracy:0.921875
Epoch:0, Batch:300, Loss:0.247981, Accuracy:0.968750
Epoch:0, Batch:400, Loss:0.103478, Accuracy:0.953125
Epoch:0, Batch:500, Loss:0.221898, Accuracy:0.937500
Epoch:0, Batch:600, Loss:0.095103, Accuracy:0.968750
Epoch:0, Batch:700, Loss:0.258760, Accuracy:0.906250
Epoch:0, Batch:800, Loss:0.191398, Accuracy:0.937500
Epoch:0, Batch:900, Loss:0.189104, Accuracy:0.921875
Test:0, Loss:0.130277, Accuracy:0.960837
```

13.4 预测模型

上面已经成功训练并且保存了模型，下面我们就可以使用这个模型预测图像。创建一个 infer.py 文件用于编写预测程序，使用动态图进行预测也需要调用 paddle.enable_imperative() 函数来启动动态图。创建模型之后，使用 paddle.imperative.load() 函数可以获取模型文件中的参数，然后使用卷积神经网络模型对象调用 cnn_infer.load_dict() 函数加载模型参数，这样就能成功加载模型参数。之后调用 cnn_infer.eval() 函数进入预测模式。

```
import paddle
from PIL import Image
import numpy as np
from cnn import CNN
```

```
place = paddle.CPUPlace()
paddle.enable_imperative(place)
cnn_infer = CNN()
# 加载模型参数
param_dict, _ = paddle.imperative.load("models/cnn")
cnn_infer.load_dict(param_dict)
cnn_infer.eval()
```

进行预测之前，我们需要实现一个图像预处理函数，用于对预测图像进行预处理。首先需要对图像进行灰度化，然后把图像缩放到 28px × 28px，接着把图像的形状变换为 [1,1,28,28]，最后执行归一化。

```
def load_image(file):
    im = Image.open(file).convert('L')
    im = im.resize((28, 28), Image.ANTIALIAS)
    im = np.array(im).reshape(1, 1, 28, 28).astype(np.float32)
    im = im / 255.0 * 2.0 - 1.0
    return im
```

获取图像数据之后，需要使用 paddle.imperative.to_variable() 函数把 NumPy 类型的图像数据转换为 Variable 类型，然后调用模型的对象 cnn_infer() 函数获取模型的数据结果。当执行 cnn_infer() 对象时就是在执行 CNN 类中的 forward() 函数。预测数据的类型也是 Variable，需要通过调用 results.numpy() 函数才能将其转换为 NumPy 类型。最后输出预测结果。

```
    tensor_img = load_image('image/infer_3.png')
    results = cnn_infer(paddle.imperative.to_variable(tensor_img))
    lab = np.argsort(-results.numpy())
    print("infer_3.png预测的结果为: %d" % lab[0][0])
```

预测输出的结果如下。

```
infer_3.png预测的结果为: 3
```

13.5　本章小结

动态图未来也许会是 PaddlePaddle 的一种主流模式，当然动态图要完全代替静态图还需要很长一段时间，毕竟动态图发布不久，很多函数都没有完善，最主要的是它在部署方面的应用都依赖静态图。不过读者也可以深入学习动态图模式，这对 AI 研究工作会有很大的促进作用，因为动态图简单、灵活，更方便尝试各种新模型。

第 14 章

开发具有AI能力的服务器接口

14.1 具有AI能力的服务器接口

使用百度、科大讯飞、腾讯等公司的图像识别服务器接口是日常快速开发的一种常见方式，如果忽略安全性和可拓展性，那么它确实是一种非常不错的方式。通常使用图像识别服务器接口流程是首先调用这些公司所提供的 HTTP 接口，把要预测的图片上传到服务器，然后服务器对图像进行预处理，最后把这些经过预处理的数据返回给深度学习的预测模型进行预测，并把预测结果返回给用户。本章我们将仿照这种处理流程，使用 PaddlePaddle 来搭建自己的图像识别服务器接口，它具有更大的可扩展性和更好的安全性。

14.2 Python Web开发框架Flask简介

Flask 是一个使用 Python 开发的轻量级 Web 应用框架，Flask 简单、灵活、轻便、安全且容易上手，使用 Flask 可以帮助我们快速搭建一个 Web 服务。本章的图像识别服务器接口就是使用 Flask 作为 Web 应用框架。安装 Flask 很简单，直接使用一条 pip 命令就可以完成安装。

```
pip install flask
```

如果我们希望服务器接口可以实现跨域访问，那么还需要安装 flask_cors 库，安装命令如下。

```
pip install flask_cors
```

创建一个 paddle_server.py 文件，编写一个简单的程序来了解如何使用 Flask。首先导入所需的依赖库，Flask() 函数是 Flask 的核心，用于搭建 Web 服务，request() 函数用于获取请求参数，render_template() 函数用于重定向到一个模型。

```
import os
import cv2
import numpy as np
import uuid
from PIL import Image
from flask import Flask, request, render_template
from flask_cors import CORS
from werkzeug.utils import secure_filename
```

使用 Flask 创建服务器接口是非常简单的，大部分的配置都可以通过注解的方式完成。实现一个 hello_world() 函数，使用注解 @app.route('/hello') 指定该接口的访问路径，最后该函数返回字符串 Welcome to PaddlePaddle。

```
app = Flask(__name__)
CORS(app)
@app.route('/hello')
def hello_world():
    return 'Welcome to PaddlePaddle'
```

运行以上程序。如果是在 Ubuntu 操作系统中，那么可能需要在 root 权限下运行这个程序。执行 app.run() 函数启动 Web 应用，启动前可以配置 Web 应用的访问信息，通过 host 参数可以指定允许访问该服务器接口的 IP 地址，当该参数值为 0.0.0.0 时，外部设备也能成功访问，默认为本机地址 127.0.0.1。通过 port 参数指定服务器接口使用的端口，当端口号为 80 时，在访问的时候可以省略端口号。

```
if __name__ == "__main__":
    app.run(host='0.0.0.0', port=5000)
```

浏览器访问 http://127.0.0.1:5000/hello，浏览器会返回 hello_world() 函数的返回值 Welcome to PaddlePaddl 字符串，欢迎页面如图 14-1 所示。

图14-1　欢迎页面

上面介绍的是一个最简单的服务器接口，没有上传参数，也没有逻辑处理。但是对于图像识别服务器接口，最重要的就是要上传预测图片。下面我们就来介绍如何使用 Flask 上传图片。定义一个 upload_file() 函数，为该函数添加注解 @app.route()，注解的第一个参数指定访问地址为 /upload，第二个参数 methods 指定该函数只能通过 POST 方法访问。使用 request.files['img'] 获取上传的图像，其中 img 是表单的上传图片的名称。在保存图像时可以使用 secure_filename() 函数获取上传文件的文件名。最后执行 f.save() 函数保存上传的图像。

```
@app.route('/upload', methods=['POST'])
def upload_file():
    f = request.files['img']
    # 设置保存路径
    save_father_path = 'images'
    img_path = os.path.join(save_father_path, str(uuid.uuid1()) + '.' +
                            secure_filename(f.filename).split('.')[-1])
    if not os.path.exists(save_father_path):
        os.makedirs(save_father_path)
    f.save(img_path)
    return 'success, save path: ' + img_path
```

为了方便上传图像，创建一个 HTML 页面。首先创建 templates 目录，并在该目录下创建 index.html 文件，然后在这个 HTML 页面中创建一个表单，指定表单提交的路径为 http://127.0.0.1:5000/upload，设置表单提交数据的格式为 multipart/form-data，并且设置表单提交方式为 POST。这样就完成了一个简单的上传图像的表单。

```
<!DOCTYPE html>
<html lang="en">
```

```
    <head>
        <meta charset="UTF-8">
        <title>上传图像</title>
    </head>
    <body>
    <!--上传图片的表单-->
    <form action="http://127.0.0.1:5000/upload" enctype="multipart/
form-data" method="post">
        选择上传的图像：<input type="file" name="img"><br>
        <input type="submit" value="上传">
    </form>
    </body>
    </html>
```

上面只是创建了一个 HTML 页面，如果我们要访问这个 HTML 页面，还需要为这个 HTML 页面添加一个路由。使用 render_template() 函数可以为一个 HTML 页面设置重定向，当访问这个函数的地址时，程序会重定向到 index.html 页面。

```
@app.route('/', methods=["GET"])
def index():
    return render_template('index.html')
```

重新启动程序，然后访问 http://127.0.0.1:5000，我们得到了有上传图片表单的 HTML 页面。点击"选择文件"按钮，选择一幅图像，接着点击"上传按钮"，该图像就会上传到我们的服务器，并返回保存的路径，上传图像页面和成功上传图像页面如图 14-2 所示。

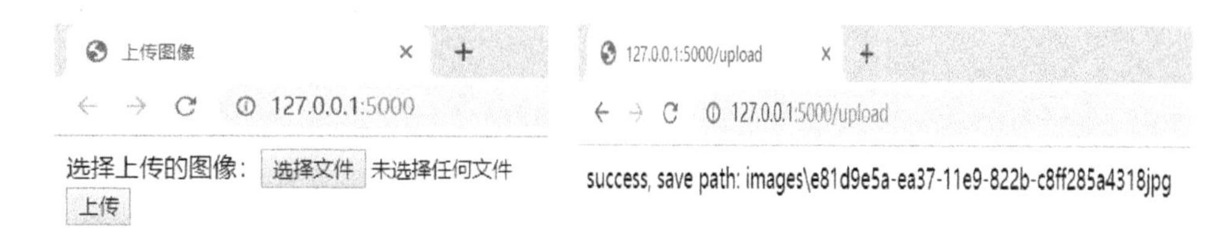

图14-2 上传图像页面和成功上传图像页面

14.3 PaddlePaddle预测服务器接口

PaddlePaddle 对服务器的部署提供了高度优化的预测服务器接口，这些预测服务器接口相比平时使用 fluid.io.load_inference_model() 函数加载模型再进行预测性能要更好。预测服务器接口通过对计算图的分析，完成对计算图的一系列优化，如使用底层加速库、优化计算等，从而大大提高预测服务器接口的性能。

PaddlePaddle 的预测服务器接口主要分为 5 部分，分别是 AnalysisConfig、PaddleBuf、PaddleDType、PaddleTensor 和 PaddlePredictor。AnalysisConfig 主要是对预测服务器接口设置配置信息，如下代码就使用 AnalysisConfig 指定了预测模型的路径和不使用 GPU 预测，使用的预测模型是我们在第 11 章训练保存的预测模型，需要把预测模型文件复制到该项目目录下。如果要使用 GPU 预测，可以通过 config.enable_use_gpu 配置，AnalysisConfig 的更多配置如下。

- set_model：设置模型的路径。
- model_dir：返回模型路径。
- enable_use_gpu：设置GPU显存（单位MB）和ID。
- disable_gpu：禁用GPU。
- gpu_device_id：返回使用GPU的ID。
- switch_ir_optim：IR优化（默认开启）。
- enable_tensorrt_engine：启用TensorRT。
- enable_mkldnn：启用MKL-DNN。

使用这些配置通过 PaddlePredictor 创建一个预测器，之后使用这个预测器预测图像。

```
from paddle.fluid.core import AnalysisConfig
from paddle.fluid.core import PaddleBuf
from paddle.fluid.core import PaddleDType
from paddle.fluid.core import PaddleTensor
from paddle.fluid.core import create_paddle_predictor as PaddlePredictor

config = AnalysisConfig('models')
config.disable_gpu()
# 创建预测器
predictor = create_paddle_predictor(config)
```

定义一个图像预测函数，因为上传的图像还没有经过预处理，所以定义 load_image() 函数把上传的图像都进行预处理。处理的方式和第 11 章预测程序所做的预处理相同。不同的是这里使用 Image.fromarray() 函数，使用该函数是为了把 OpenCV 格式的图像转换成 PIL 格式的图像。

```
def load_image(img):
    img = Image.fromarray(cv2.cvtColor(img, cv2.COLOR_BGR2RGB))
    img = img.resize((224, 224), Image.ANTIALIAS)
    img = np.array(img).astype(np.float32)
    img = img.transpose((2, 0, 1))
    img = img[(2, 1, 0), :, :] / 255.0
    img = np.expand_dims(img, axis=0)
    return img
```

定义 fake_input() 函数用于创建预测数据，该函数使用 PaddleTensor 创建一个数据结构，该数据结构包括 4 个字段：name 字段指定预测模型输入层的名称；shape 字段指定输入数据的形状；dtype 字段指定数据类型，数据类型有 PaddleDType.INT64 和 PaddleDType.FLOAT32 两种；data 字段指定预测数据，该数据存储在 PaddleBuf 中。最后使用 fake_input() 函数，把一个图像转换成 PaddlePaddle 的 Tensor 数据。

```
def fake_input(img):
    image = PaddleTensor()
    image.name = "image"
    image.shape = img.shape
    image.dtype = PaddleDType.FLOAT32
    image.data = PaddleBuf(img.flatten().tolist())
    return [image]
```

最后预测用户上传的图像。实现一个预测服务器接口，指定该服务器接口的访问地址为 /infer，访问方法为 POST。接收用户上传的图像，使用 cv2.imdecode() 函数直接把上传的图像转换为 OpenCV 格式的图像。使用 load_image() 和 fake_input() 函数把图像转换成 PaddlePaddle 的 Tensor 数据，最后利用预测器对数据进行预测。对预测结果进行解析，通过 outputs[0].data.float_data() 函数可以获取每个类别的概率，在函数的最后返回预测结果中最大概率的标签、对应的中文名称以及概率。

```
@app.route('/infer', methods=['POST'])
def infer():
```

```
        f = request.files['img']
         img = cv2.imdecode(np.fromstring(f.read(), np.uint8), cv2.
IMREAD_UNCHANGED)
        inputs = fake_input(load_image(img))
        outputs = predictor.run(inputs)
        result = outputs[0].data.float_data()
        lab = np.argsort(result)[-1]
        names = ['苹果', '哈密瓜', '樱桃', '葡萄', '梨', '西瓜']
        r = '{"label":%d, "name":"%s", "possibility":%f}' % (lab, names
[lab], result[lab])
        return r
```

修改之前创建的 index.html 页面，其中最重要的是把表单的请求路径修改为 http://127.0.0.1:5000/infer，也就是我们上面创建的预测服务器接口。

```
    <!DOCTYPE html>
    <html lang="en">
    <head>
        <meta charset="UTF-8">
        <title>预测图像</title>
    </head>
    <body>
    <!--调用服务器预测接口的表单-->
    <form action="http://127.0.0.1:5000/infer" enctype="multipart/
form-data" method="post">
        选择预测的图像: <input type="file" name="img"><br>
        <input type="submit" value="预测">
    </form>
    </body>
    </html>
```

访问 http://127.0.0.1:5000，在预测图像页面中选择将要预测的图像，笔者选择了一个苹果的图像。点击“预测”按钮，最终服务器返回了一个 JSON 格式的预测结果，见图 14-3，可以看到预测结果正是苹果，而且概率非常高。就这样我们实现了一个图像识别服务器接口，有兴趣的读者可以开发一款手机 App 或者小程序来接入这个图像识别服务器接口试试吧。

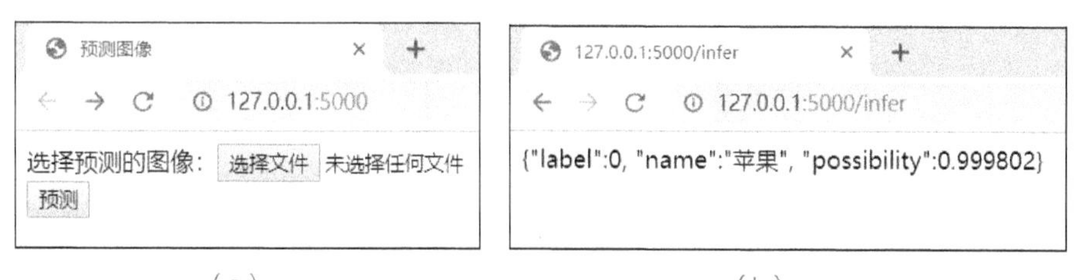

（a）　　　　（b）

图14-3　预测图像上传页面和返回的预测结果

14.4　本章小结

通过本章的学习，我们掌握了如何把 PaddlePaddle 的预测模型部署到服务器上。在学习本章之前，读者在手机 App 或者小程序上使用图像识别功能，也许还需要调用第三方服务器接口，但学习本章之后，读者可以在自己的服务器上搭建图像识别服务器接口，为自己的手机 App 或者小程序提供图像识别接口服务。前面我们学习了如何使用自定义数据集训练，读者可以训练自己想识别的图像，然后在移动终端开发更多有趣的功能。

第15章 移动端深度学习框架Paddle Lite的项目实战——水果识别App

15.1 Paddle Lite简介

随着手机性能的不断提高，一些常见的深度学习模型也可以部署到手机上，直接在手机上进行推理计算。直接在手机上进行推理计算不仅可以充分利用边缘计算减轻服务器的压力，还能提高整体的预测速度，更重要的是能保证用户数据的安全，有不少的手机应用开发公司都把预测模型部署到手机上。本章就来学习如何在 Android 应用中使用 PaddlePaddle 的预测模型，PaddlePaddle 针对移动设备和一些嵌入式设备提供了轻量化的深度学习框架 Paddle Lite，下面我们一起来学习这个移动端深度学习框架。

15.2 安装Paddle Lite

要在 Android 应用中使用 Paddle Lite，首先需要把 Paddle Lite 的动态库部署到 Android 应用中。了解 Android 应用开发的读者应该知道，要在 Android 应用中调用

C++ 库，最方便的办法是用 C++ 把程序编译成 so 动态库，并由 jni 方法调用。同样地，我们需要把 Paddle Lite 编译成 so 动态库，提供给 Android 应用调用。下面我们就从 Docker 环境编译和 Ubuntu 环境编译这两种方式分别介绍。PaddlePaddle 官方也提供了已经编译完成的 so 动态库和 Paddle Lite 的工具 JAR 包，本章用到的 so 动态库和工具 JAR 包都可以在 Paddle Lite 开源官网下载。本书也提供了相关的电子资源。

如果读者想自己编译 Paddle Lite 的 so 动态库和 JAR 包，可以使用源码进行编译。在编译之前，先要从 GitHub 上复制 Paddle Lite 的源码，然后切换到 Paddle Lite 根目录下，再把 Paddle Lite 源码切换到 release/v2.6.0 分支，我们将会使用这个分支的源码编译 Docker 镜像和 Android 应用的 so 动态库。

```
git clone https://github.com/PaddlePaddle/Paddle-Lite.git
cd Paddle-Lite/
git checkout release/v2.6.0
```

15.2.1 Docker环境搭建

要在 Ubuntu 操作系统上使用 Docker，先要安装 Docker，安装命令如下。注意，下面所有的命令都需要 root 权限执行。

```
apt-get install docker.io
```

获取 Paddle Lite 的 Docker 镜像有两种方法，一种是直接提取官方提供的 Docker 镜像，这样可以省去不少的编译时间，提取官方的 Paddle Lite 的 Docker 镜像命令如下。

```
docker pull paddlepaddle/paddle-lite:2.0.0_bet
```

如果不想直接提取官方的 Docker 镜像，我们也可以使用 Paddle Lite 源码编译一个 Docker 镜像。这两种获取 Docker 镜像的方法只需要选择一种。首先切换到 Paddle Lite 的工具目录 Paddle-Lite/lite/tools，接着创建一个 mobile_image 目录并把 Dockerfile.mobile 文件复制到该目录，再切换到 mobile_image 目录，最后使用

docker build 命令开始编译 Paddle Lite 的 Docker 镜像。

```
cd lite/tools
mkdir mobile_image
cp Dockerfile.mobile mobile_image/Dockerfile
cd mobile_image
docker build -t paddlepaddle/paddle-lite:2.0.0_beta .
```

经过上面两种方法的其中一种方法获取到 Paddle Lite 的 Docker 镜像之后，切换路径到 Paddle Lite 的根目录下，并执行以下代码。执行 docker run 命令启动 Docker 镜像，其中使用 -v 追加参数可以把本地的目录挂载到 Docker 镜像中。执行该命令之后就可以进入 Paddle Lite 的 Docker 镜像，在这个镜像中可以开始编译 Paddle Lite 的 Android 应用的 so 动态库。

```
docker run -it \
  --name paddlelite_docker \
  -v $PWD:/Paddle-Lite \
  --net=host \
 paddlepaddle/paddle-lite:2.0.0_beta /bin/bash
```

到这里 Docker 镜像环境已经配置好了，编译 Paddle Lite 请看 15.2.3 小节的编译 Paddle Lite 部分。

15.2.2 Ubuntu环境搭建

使用 Ubuntu 操作系统本地编译的方式会比较麻烦，因为需要安装很多依赖环境。笔者使用的是 64 位的 Ubuntu 16.04 操作系统进行编译。首先更新软件源，接着安装下列编译所需的软件。

```
apt update
apt-get install -y --no-install-recommends \
  gcc g++ git make wget python unzip adb curl default-jdk
```

编译需要使用 CMake，所以需要安装官方指定的 3.10.3 版本的 CMake，安装命令如下。

```
wget -c https://mms-res.cdn.bcebos.com/cmake-3.10.3-Linux-x86_64.tar.gz && \
    tar xzf cmake-3.10.3-Linux-x86_64.tar.gz && \
    mv cmake-3.10.3-Linux-x86_64 /opt/cmake-3.10 && \
    ln -s /opt/cmake-3.10/bin/cmake /usr/bin/cmake && \
    ln -s /opt/cmake-3.10/bin/ccmake /usr/bin/ccmake
```

编译 Android 应用的 so 动态库需要使用 NDK，本节下载一个 r17c 版本的 NDK，并解压到 /opt 目录下。接着把 NDK 的目录添加到系统环境变量中。

```
    cd /tmp && curl -O https://dl.google.com/android/repository/
android-ndk-r17c-linux-x86_64.zip
    cd /opt && unzip /tmp/android-ndk-r17c-linux-x86_64.zip
    echo "export NDK_ROOT=/opt/android-ndk-r17c" >> ~/.bashrc
    source ~/.bashrc
```

Ubuntu 环境已经准备好了，具体编译 Paddle Lite 请看 15.2.3 小节。

15.2.3 编译Paddle Lite

编译之前需要切换到 Paddle Lite 目录，并使用 lite/tools/ 目录下的 build_android.sh 脚本进行编译，使用这个脚本编译的是 Android 应用的 Paddle Lite 预测库。arch 追加参数指定编译的 ARM 版本，这里使用 ARMV7，最好 ARMV8 也编译一次，在 Android 应用开发中 32 位的 so 动态库和 64 位的 so 动态库都需要。toolchain 追加参数为编译器类型，默认为 gcc。android_stl 追加参数为 NDK STL 库链接方法，分别有 c++_shared 和 c++_static，默认为静态链接 c++_static。with_java 追加参数为是否编译 Java 预测库，默认为 ON，在 Android 应用开发中需要使用 Java 预测库，所以必须设置为 ON。

```
cd Paddle-Lite
./lite/tools/build_android.sh \
  --arch=armv7 \
  --toolchain=gcc \
  --android_stl=c++_static \
--with_java=ON
```

编译结束后，如果是使用 Docker 编译的，可以使用 exit 命令退出 Docker 镜像。

成功编译之后会生成一个编译目录，切换到 inference_lite_lib.android.armv7 目录下，可以看到 cxx、demo、java 这 3 个目录，其中我们需要的 so 动态库存放在 java 目录下。

```
cd build.lite.android.armv7.gcc/inference_lite_lib.android.armv7
ls
cxx demo java
```

java 目录的结构如下，在 jar 目录下有一个 PaddlePredictor.jar 文件，这个文件应该导入 Android 应用，用于调用 Paddle Lite 的 so 动态库和一些相关的工具。在 so 目录下有一个 libpaddle_lite_jni.so 文件，这就是 Paddle Lite 的 so 动态库，由用户部署在 Android 应用中。

```
├───jar
│   └───PaddlePredictor.jar
├───so
│   └───libpaddle_lite_jni.so
└───src
    └─── ...
```

15.3 优化移动端的深度学习模型

本章我们使用的预测模型为第 11 章中训练得到的预测模型，在 PaddlePaddle 训练时使用 fluid.io.save_inference_model() 函数保存的预测模型不能直接在 Android 应用中使用，需要用转换工具对预测模型进行转换，转换方式有两种。

第一种是使用转换工具，可以在本书提供的电子资源中找到 OPT 转换工具。

这个工具只能在 Ubuntu 操作系统或者 mac OS 下使用，Windows 操作系统无法使用这个工具。下载 OPT 转换工具之后，如果该文件没有执行权限，则可以使用 chmod 命令给 OPT 转换工具赋予执行权限。

```
chmod +x opt
```

当然这个优化工具也可以使用 Paddle Lite 源码编译得到，使用之前复制的

Paddle Lite 源码和创建的环境编译优化工具 OPT，切换到 Paddle Lite 的根目录下，执行下面的命令，会在 Paddle-Lite/build.opt/lite/api/ 目录下生成优化工具 OPT。

```
./lite/tools/build.sh build_optimize_tool
```

在下载或者编译 OPT 优化工具之后，使用 OPT 优化工具优化我们的预测模型时，model_dir 追加参数是预测模型的路径，我们可以使用第 11 章中训练的预测模型进行优化，把模型文件 models 复制到和 OPT 优化工具同一个目录下。valid_targets 追加参数指定预测模型可执行的设备端，默认为 ARM，通常我们的 Android 移动设备都是 ARM 结构的，目前可支持 x86、ARM、OpenCL、NPU、XPU。optimize_out_type 追加参数为输出预测模型类型，有 protobuf 和 naive_buffer 两种类型，naive_buffer 是一种更轻量级的序列化 / 反序列化类型，优化移动端的深度学习模型需要使用 naive_buffer 类型。optimize_out 追加参数为优化后输出预测模型的路径。

```
./opt \
    --model_dir=models/ \
    --valid_targets=arm \
    --optimize_out_type=naive_buffer \
    --optimize_out=mobilenet_v1.nb
```

第二种更加方便，使用的是 Python 脚本进行转换。这个方式在 Windows、Ubuntu 和 mac OS 都可以使用，代码如下。对应的参数作用可以参考第一种方式的介绍。

```
from paddlelite.lite import *

# 1. 创建OPT实例
opt = Opt()
# 2. 指定输入预测模型地址
opt.set_model_dir("./models")
# 3. 指定转化类型：arm、x86、opencl、xpu、npu
opt.set_valid_places("arm")
# 4. 指定预测模型转化类型：naive_buffer、protobuf
opt.set_model_type("naive_buffer")
# 5. 输出预测模型地址
opt.set_optimize_out("mobilenet_v1.nb")
```

```
# 6. 执行预测模型优化
opt.run()
```

执行上面的优化之后，会生成 mobilenet_v1.nb 模型文件，这个模型文件就是我们要部署到移动端的文件，这个文件存放在 Android 应用的 assets 目录下。

15.4 Android水果识别App的开发

创建一个普通的 Android 项目，将它命名为 course15，创建项目时一直默认即可。创建完项目之后，我们要做以下几个操作。

首先我们需要把上面优化的预测模型放在 main 的 assets 目录下，其次在 main 的预测模型下再创建 jniLibs/armeabi-v7a 和 jniLibs/arm64-v8a 多级文件夹，这两个文件夹存放的是我们下载或者编译得到的 32 位或 64 位的 libpaddle_lite_jni.so 动态库，最后在 app 目录下的 libs 目录存放 PaddlePredictor.jar 这个 PaddlePaddle 的工具包，并右击“Add As Library”把工具包导入项目中。

完成以上操作之后，我们开始编写 Android 项目程序。首先在 Android 申请权限文件 AndroidManifest.xml 中添加两个权限申请，这两个权限申请是对内存卡读写的权限申请。

```
<uses-permission android:name="android.permission.WRITE_EXTERNAL_STORAGE" />
<uses-permission android:name="android.permission.READ_EXTERNAL_STORAGE" />
```

然后修改 activity_main.xml 页面，该页面的修改如下，主要添加了加载模型、清空模型和预测图像 3 个按钮，同时还创建了一个 ImageView 控件用于展示所预测的图像，创建一个 TextView 控件用于展示预测的结果。

```
<?xml version="1.0" encoding="utf-8"?>
<RelativeLayout
    android:layout_width="match_parent"
    android:layout_height="match_parent"
    tools:context=".MainActivity">
    <LinearLayout
        android:id="@+id/ll"
```

```
        android:orientation="horizontal"
        android:layout_alignParentBottom="true"
        android:layout_width="match_parent"
        android:layout_height="50dp">
        <Button
            android:layout_weight="1"
            android:id="@+id/load"
            android:text="加载模型"
            android:layout_width="0dp"
            android:layout_height="match_parent" />
        <Button
            android:id="@+id/clear"
            android:layout_weight="1"
            android:text="清空模型"
            android:layout_width="0dp"
            android:layout_height="match_parent" />
        <Button
            android:id="@+id/infer"
            android:layout_weight="1"
            android:text="预测图片"
            android:layout_width="0dp"
            android:layout_height="match_parent" />
    </LinearLayout>
    <TextView
        android:layout_above="@id/ll"
        android:id="@+id/show"
        android:hint="这里显示预测结果"
        android:layout_width="match_parent"
        android:layout_height="100dp" />
    <ImageView
        android:id="@+id/image_view"
        android:layout_above="@id/show"
        android:layout_width="match_parent"
        android:layout_height="match_parent" />
</RelativeLayout>
```

修改之后 Android 应用页面如图 15-1 所示。

接着创建一个名为 Utils.java 的 Java 文件，这个文件主要用于编写一些工具和方法，方便在预测图像的时候调用。下面我们来介绍这几个方法的作用。

图15-1　Android应用页面

getMaxResult() 方法从预测输出的概率中找到最大概率所对应的标签，在前面关于 PaddlePaddle 的章节中我们知道 PaddlePaddle 输出的图像分类结果是每个类别的概率，所以我们需要使用这个方法找到最大概率所对应的标签。

```
public static int getMaxResult(float[] result) {
    float probability = result[0];
    int r = 0;
    for (int i = 0; i < result.length; i++) {
        if (probability < result[i]) {
            probability = result[i];
            r = i;
        }
    }
    return r;
}
```

getScaledMatrix() 方法对图像进行预处理，与我们在 Python 中对数据的预处理一样，该方法对图像进行预处理需要图像数据按照 RGB 通道顺序排列，并都除以 255 进行数据归一化，最后返回的是一个 float 类型的数组。该方法传入图片的类型是 Bitmap，如果传入的是图片的路径，则需要转换成 Bitmap 类型。该方法的输入参数分别是图像数据、模型输入的宽度、高度以及通道数。

```
    public static float[] getScaledMatrix(Bitmap image, int desWidth,
int desHeight, int channels) {
        float[] dataBuf = new float[channels * desWidth * desHeight];
        int rIndex;
        int gIndex;
        int bIndex;
        int[] pixels = new int[desWidth * desHeight];
        Bitmap bm = Bitmap.createScaledBitmap(image, desWidth,desHeight,
    false);
        bm.getPixels(pixels, 0, desWidth, 0, 0, desWidth, desHeight);
        int j = 0;
        int k = 0;
        for (int i = 0; i < pixels.length; i++) {
            int clr = pixels[i];
            j = i / desHeight;
            k = i % desWidth;
            rIndex = j * desWidth + k;
            gIndex = rIndex + desHeight * desWidth;
            bIndex = gIndex + desHeight * desWidth;
            dataBuf[bIndex] = (float) (((clr & 0x00ff0000) >> 16) / 255.0);
            dataBuf[gIndex] = (float) (((clr & 0x0000ff00) >> 8) / 255.0);
            dataBuf[rIndex] = (float) (((clr & 0x000000ff)) / 255.0);
        }
        if (bm.isRecycled()) {
            bm.recycle();
        }
        return dataBuf;
    }
```

getScaleBitmap() 方法根据图像的路径获取图像，并把图像转换成 Bitmap 类型。转换成 Bitmap 类型之后，该方法还会将图像进行压缩，压缩的大小为 maxSize 参数的一半，这样可以避免图像过大出现读取缓慢等问题。

```
    public static Bitmap getScaleBitmap(String filePath) {
        BitmapFactory.Options opt = new BitmapFactory.Options();
        opt.inJustDecodeBounds = true;
        BitmapFactory.decodeFile(filePath, opt);
        int bmpWidth = opt.outWidth;
        int bmpHeight = opt.outHeight;
```

```
        int maxSize = 500;
        opt.inSampleSize = 1;
        while (true) {
            if (bmpWidth / opt.inSampleSize < maxSize || bmpHeight / opt.
inSampleSize < maxSize) {
                break;
            }
            opt.inSampleSize *= 2;
        }
        opt.inJustDecodeBounds = false;
        return BitmapFactory.decodeFile(filePath, opt);
    }
```

getPathFromURI() 方法是把手机相册返回的 URI 转换成图像的路径。本项目我们是通过读取相册的图像进行预测的，如果读者希望可以从相机拍摄的图像进行预测，那么需要读者自行编写程序实现。

```
    public static String getPathFromURI(Context context, Uri uri) {
        String result;
        Cursor cursor = context.getContentResolver().query(uri, null, null,
null, null);
        if (cursor == null) {
            result = uri.getPath();
        } else {
            cursor.moveToFirst();
            int idx = cursor.getColumnIndex(MediaStore.Images.
ImageColumns.DATA);
            result = cursor.getString(idx);
            cursor.close();
        }
        return result;
    }
```

copyFileFromAsset() 方法主要是把 assets 目录下的模型文件复制到本地，否则 PaddlePaddle 无法加载预测模型。通过 Utils.copyFileFromAsset() 方法，即可把模型文件从 assets 目录复制到缓存目录上。该方法会判断新路径中是否存在同名的文件，如果存在同名的文件就不会执行复制操作。如果更换了其他模型，最好不要和之前的模型文件名相同或者需要清空缓存文件夹。

```
    public static void copyFileFromAsset(Context context, String assets_
path, String new_path) {
        File new_file = new File(new_path);
        if (new_file.exists()) {
            return;
        }
        File father_path = new File(new File(new_path).getParent());
        if (!father_path.exists()) {
            father_path.mkdirs();
        }
        try {
            InputStream is = context.getAssets().open(assets_path);
            FileOutputStream fos = new FileOutputStream(new_file);
            byte[] buffer = new byte[1024];
            int byteCount;
            while ((byteCount = is.read(buffer)) != -1) {
                fos.write(buffer, 0, byteCount);
            }
            fos.flush();
            is.close();
            fos.close();
            Log.d("utils", "the model file is copied");
        } catch (IOException e) {
            e.printStackTrace();
        }
    }
```

最后开始编写 MainActivity.java 程序。首先创建以下几个私有变量，其中 modelPath 为已经优化的模型文件名，该模型文件存放在 assets 目录下，load_result 是预测模型的加载状态，ddims 是预测模型的维度，因为一般都是逐幅图像预测的，所以 ddims 的第一个值为 1，后面即为输入图像的形状，形状必须和训练时指定的一致。

```
    private String model_path;
    private String modelPath = "mobilenet_v1.nb";
    private boolean load_result = false;
    private long[] ddims = {1, 3, 224, 224};
    private ImageView imageView;
    private TextView showTv;
```

```
private PaddlePredictor paddlePredictor;
```

创建一个 initView() 方法，用该方法获取 activity_main.xml 页面中的控件。

```
private void initView() {
    Button loadBtn = findViewById(R.id.load);
    Button clearBtn = findViewById(R.id.clear);
    Button inferBtn = findViewById(R.id.infer);
    showTv = findViewById(R.id.show);
    imageView = findViewById(R.id.image_view);
}
```

获取控件之后，在 initView() 方法中为 3 个按钮添加点击监听事件，第一个是加载模型的按钮点击监听事件。使用 PaddlePredictor.createPaddlePredictor() 方法获取一个预测器对象，在获取预测对象的时候，可以通过 MobileConfig 指定配置信息。setModelFromFile() 方法指定优化后预测模型的路径。setThreads() 方法设置预测时使用的线程数据，如笔者手机的 CPU 是双核，所以这里设置为 2，使用线程数量越大预测速度越快。在加载模型之后，需要加一个判断语句，如果预测器对象不为空就表示模型加载成功。

```
loadBtn.setOnClickListener(new View.OnClickListener() {
    @Override
    public void onClick(View v) {
        MobileConfig config = new MobileConfig();
        config.setModelFromFile(model_path);
        config.setThreads(2);
        paddlePredictor = PaddlePredictor.createPaddlePredictor(config);
        if (paddlePredictor != null) {
            load_result = true;
            Toast.makeText(MainActivity.this, "模型加载成功", Toast.
LENGTH_SHORT).show();
        } else {
            Toast.makeText(MainActivity.this, "模型加载失败", Toast.
LENGTH_SHORT).show();
        }
    }
});
```

第二个是清空模型按钮的点击监听事件，需要清空模型比较简单，只需要让预测器的对象等于空即可。

```
    clearBtn.setOnClickListener(new View.OnClickListener() {
        @Override
        public void onClick(View v) {
            paddlePredictor = null;
            load_result = false;
                Toast.makeText(MainActivity.this, "模型已清空", Toast.LENGTH_
SHORT).show();
        }
    });
```

第三个是预测图像按钮的点击监听事件中，主要是打开相册，从相册中选择需要预测的图像。具体调用预测图像的方法在页面结束回调监听事件中执行。

```
    inferBtn.setOnClickListener(new View.OnClickListener() {
        @Override
        public void onClick(View v) {
            if (load_result){
                Intent intent = new Intent(Intent.ACTION_PICK);
                intent.setType("image/*");
                startActivityForResult(intent, 1);
            } else {
                    Toast.makeText(MainActivity.this, "模型未加载", Toast.LENGTH_
SHORT).show();
            }
        }
    });
```

在如下页面结束回调监听事件中，我们主要获取相册返回的结果。首先通过 data.getData() 方法获取在相册选择的图像的 URI，然后分别调用 Utils.java 工具类中的 getPathFromURI() 方法和 getScaleBitmap() 方法以获取图像的路径和压缩后图像的 Bitmap，接着调用 imageView.setImageBitmap() 方法将需要预测的图像显示，最后执行预测方法 predictImage()。

```
    @Override
    protected void onActivityResult(int requestCode, int resultCode, @Nullable
Intent data) {
        String image_path;
```

```
        if (resultCode == Activity.RESULT_OK) {
            if (requestCode == 1) {
                if (data == null) {
                    return;
                }
                Uri image_uri = data.getData();
                     image_path = Utils.getPathFromURI(MainActivity.
this, image_uri);
                Bitmap bitmap = Utils.getScaleBitmap(image_path);
                imageView.setImageBitmap(bitmap);
                predictImage(image_path);
            }
        }
    }
```

predictImage() 方法是一个预测方法，该方法接收的参数是图像的路径。调用 Utils.java 工具类中的 getScaleBitmap() 方法和 getScaledMatrix() 方法获取将要预测的图像，然后调用 paddlePredictor.getInput() 方法创建一个张量类型的对象，使用 input.resize() 方法设置输入数据的维度，并调用 input.setData() 方法设置预测数据。最后执行 paddlePredictor.run() 方法开始预测，预测的结果需要调用 paddlePredictor.getOutput(0).getFloatData() 方法获取，得到的结果是每个类别的概率，调用 Utils.java 中 getMaxResult() 方法找出概率最大的标签，并使用这个标签从 names 中获取概率最大类别的中文名称，最后把预测结果显示到页面上。

```
    private void predictImage(String image_path) {
        Bitmap bmp = Utils.getScaleBitmap(image_path);
        float[] inputData = Utils.getScaledMatrix(bmp, (int)ddims[2], (int)
ddims[3],(int)ddims[1]);
        try {
            long start = System.currentTimeMillis();
            Tensor input = paddlePredictor.getInput(0);
            input.resize(ddims);
            input.setData(inputData);
            paddlePredictor.run();
            float[] result = paddlePredictor.getOutput(0).getFloatData();
            long end = System.currentTimeMillis();
            int r = Utils.getMaxResult(result);
```

```
            String[] names = {"苹果", "哈密瓜", "樱桃", "葡萄", "梨", "西瓜"};
            String show_text = "标签: " + r + "\n名称: " + names[r] + "\
n概率: " + result[r] + "\n时间: " + (end - start) + "ms";
            showTv.setText(show_text);
        } catch (Exception e) {
            e.printStackTrace();
        }
    }
```

在 Android 6.0 以上中，涉及隐私的危险权限都需要动态申请。下面两个方法就是对本地内存卡读取权限的动态申请。

```
    private void requestPermissions() {
        List<String> permissionList = new ArrayList<>();
        if (ContextCompat.checkSelfPermission(this, Manifest.permission.WRITE_
EXTERNAL_STORAGE) != PackageManager.PERMISSION_GRANTED) {
            permissionList.add(Manifest.permission.WRITE_EXTERNAL_STORAGE);
        }
        if (ContextCompat.checkSelfPermission(this, Manifest.permission.READ_
EXTERNAL_STORAGE) != PackageManager.PERMISSION_GRANTED) {
            permissionList.add(Manifest.permission.READ_EXTERNAL_STORAGE);
        }
        if (!permissionList.isEmpty()) {
            ActivityCompat.requestPermissions(this, permissionList.
toArray(new String[permissionList.size()]), 1);
        }
    }
    @Override
    public void onRequestPermissionsResult(int requestCode, @
NonNull String[]
permissions, @NonNull int[] grantResults) {
        super.onRequestPermissionsResult(requestCode, permissions,
grantResults);
        if (requestCode == 1) {
            if (grantResults.length > 0) {
                for (int i = 0; i < grantResults.length; i++) {
                    int grantResult = grantResults[i];
                    if (grantResult == PackageManager.PERMISSION_DENIED) {
                        String s = permissions[i];
                        Toast.makeText(this, s + " permission was denied",
Toast.LENGTH_SHORT).show();
                    }
```

```
                    }
                }
            }
        }
```

完成程序编写后运行项目，使用真机调试。安装 Android 应用并打开，首先需要点击“加载模型”按钮，然后点击“预测图像”按钮打开相册，选择需要预测的图像，最后会返回应用首页，同时显示图像预测结果。预测结果如图 15-2 所示。

图15-2　预测结果

15.5　本章小结

本章使用 Paddle Lite 在本地实现了图像识别功能，使用 Paddle Lite 我们还可以实现更多的推理任务，如在手机上实现人脸检测、年龄、性别识别等。由于深度学习能够在手机中应用，使得我们的手机越来越智能，因此如今越来越多的手机应用使用深度学习模型，极大地优化了用户的使用流程，提高了用户体验。